谨以此书

献给

丰富过地球的每一个生命

果麦文化 出品

恐龙时代

赵闯 绘　　杨杨 文

山东画报出版社

目　录

推荐序

马克 · 诺瑞尔博士

国际著名古生物学家

美国自然历史博物馆古生物部主任

　　我是一个古生物学家，在可能是世界上最好的博物馆里工作。不管是在蒙古国科考挖掘，还是在中国学习交流，或只是在美国研究相关数据，我的生活总是围绕着各种古生物的骨头。这些古生物已经不仅仅是我的兴趣，而是我生命的一部分，在这个地球的每一个角落陪伴我一起学习、一起演讲、一起传授知识。

　　许多科学家，都在一个封闭的环境中工作。复杂的数学公式、难以理解的分子生物化学，还有那些应用于繁复理论的数据……这是一个无论科学家们多努力也无法让普通人理解的工作环境，加上大多数科学家缺乏与公众交流的本领，无法让他们的研究成果以一种有趣而且平易近人的方式表达出来，久而久之，人们开始产生距离感，进而觉得科学无聊乏味。

　　这就是为什么赵闯和杨杨的工作如此重要。他们两位极具天赋、充满智慧，但他们并没有去做职业科学家。他们以艺术和文字作为传递的媒介，把古生物的科学知识普及给世界上的所有人——孩子、父母、祖父母，甚至其他科学领域的科学家们！

　　赵闯的绘画、雕塑、素描以及电影在体现恐龙、翼龙、水生爬行动物这些奇妙生物上已经达到了极高的艺术境界。他与古生物学家保持着紧密的联系，并基于最新的古生物科学报告以及论文进行创作。杨杨的文字已经超越了单纯的科普描述，她将幽默的故事交织于科普知识中，让其表现的主题生动而灵活，尤其适合小读者们进行自主阅读，发掘其中有趣的科学秘密。基于孩子们对这些古生物的热爱，其他重要的科学概念，包括地理、生物、进化学都可以被快乐地学习。

　　赵闯和杨杨是世界一流的科学艺术家，能与他们一起工作是我的荣幸。

作者序

赵闯　　　　**杨杨**

科学艺术家　　科学童话作家

回到遥远的恐龙时代

在地球生命演化这条浩荡的河流中，恐龙是无论如何都不能被忽视的。作为陆地长达 1.65 亿年的主人，它们以庞大的数量、丰富的种类、奇特的外形、多样的生存方式、广泛的分布，书写了一段辉煌的生命史诗。虽然它们中的绝大多数成员都已经与我们相距 6600 万年，但今天我们仍然能从冰冷的化石中，感知到它们无与伦比的魅力，以及远超人类历史的激昂、悲壮。

现在，越来越多的人开始想要了解它们。这不仅仅来自好奇，而且是了解我们赖以生存的地球的一个绝妙方法。你也许还不知道，让你惊叹的恐龙实际上并没有完全消失，它们中的一些成员早已经演化成鸟类，翱翔于我们身边。是的，我们与恐龙共存着，无论是过去还是现在。它们就像是一座桥梁，将我们同地球的过去连接了起来。

《恐龙时代》这本书就是一个浓缩的恐龙时代，它从恐龙的诞生开始，讲述至那场让非鸟类恐龙灭绝的可怕的灾难。我们采用平面电影式的讲述方法，不仅向大家展示了在这个时代中最为重要的物种，更呈现出不同的恐龙家族在这个时代中的崛起、没落，展现出隐藏其中的恐龙演化的路线，最终向大家完整地勾勒出恐龙的时代。

这是一本可以自主阅读，也适合亲子共读的图书，在书中所描写的或喜悦或悲伤或残酷的瞬间，我们领略到的是对生命的敬畏，而不再只是恐龙的魅力。我们将放下人类的自大，重新认识我们的地球。

这是我们以为的返回恐龙时代最重要的意义。

这是 2.34 亿年前，这颗蓝色星球的一次黎明。

现在的地球

海洋诞生之初

地球诞生之初

地
球
生
命
简
史

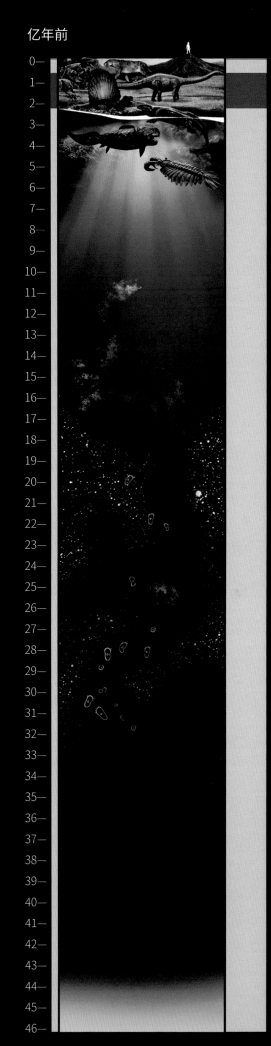

亿年前

0— 人类诞生
1— 恐龙灭绝
2— 恐龙诞生
3—
4—
5— 多细胞生物
6— 大爆发
7—
8—
9—
10—
11—
12—
13—
14—
15—
16—
17—
18—
19—
20—
21—
22—
23—
24—
25—
26—
27— 单细胞生物
28— 诞生
29—
30—
31—
32—
33—
34—
35—
36—
37—
38—
39—
40—
41—
42—
43—
44—
45—
46— 地球诞生

本书涉及主要古生物生存年代示意图

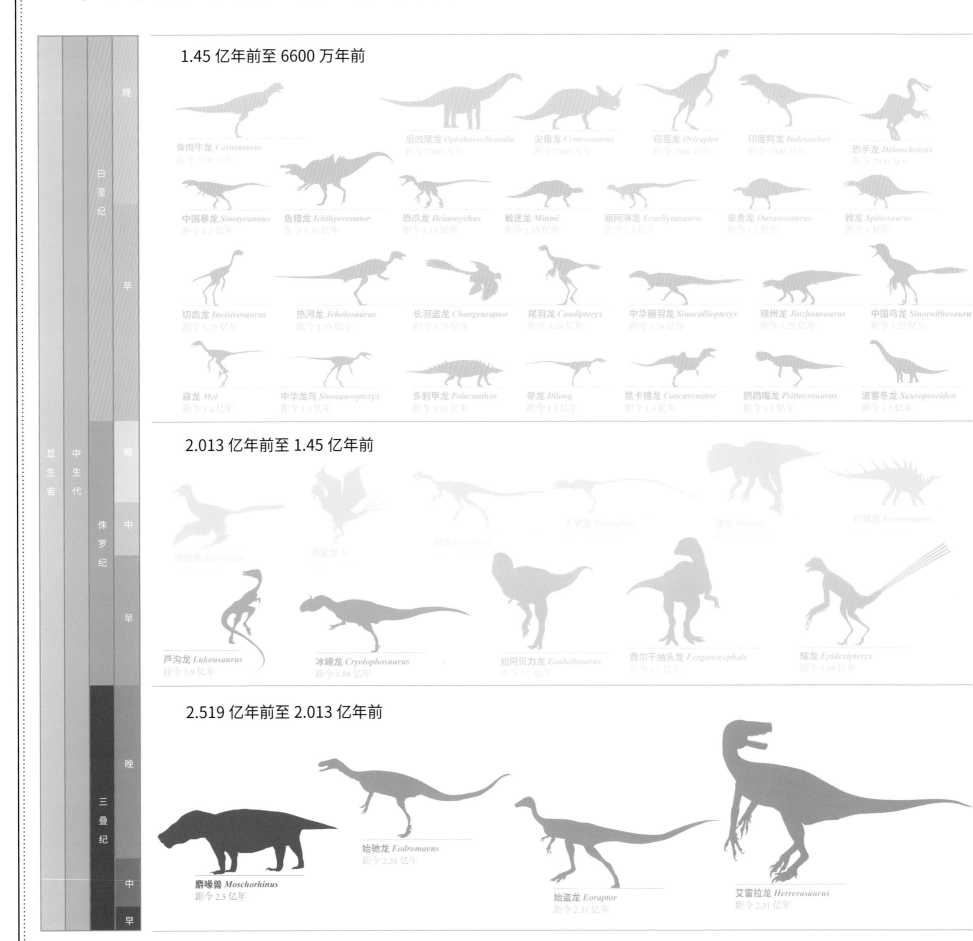

参考资料：国际地层年代表（2014）　　资料来源：国际地质科学联合会（IUGS）　　编绘机构：PNSO 啄木鸟科学艺术小组

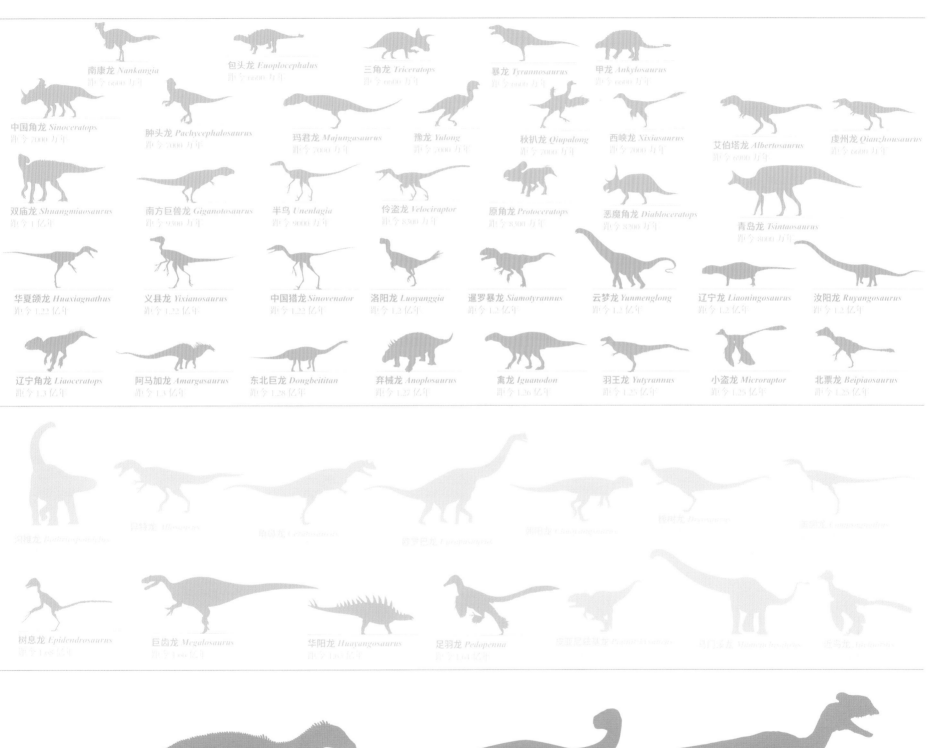

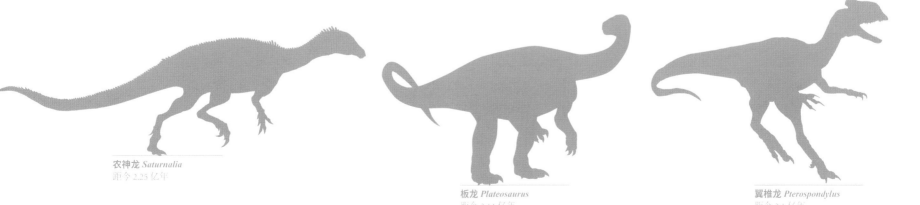

本书涉及主要古生物化石产地分布示意图

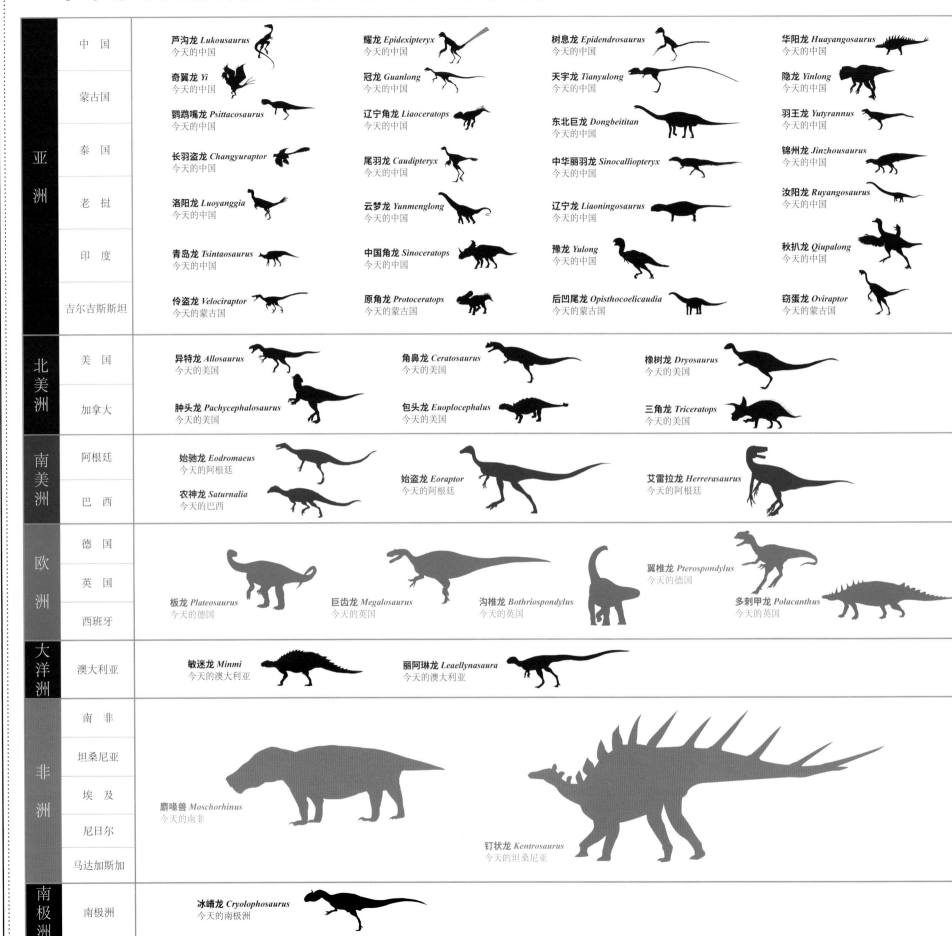

亚洲	中国				
	蒙古国	芦沟龙 *Lukousaurus* 今天的中国	耀龙 *Epidexipteryx* 今天的中国	树息龙 *Epidendrosaurus* 今天的中国	华阳龙 *Huayangosaurus* 今天的中国
	泰国	奇翼龙 *Yi* 今天的中国	冠龙 *Guanlong* 今天的中国	天宇龙 *Tianyulong* 今天的中国	隐龙 *Yinlong* 今天的中国
		鹦鹉嘴龙 *Psittacosaurus*	辽宁角龙 *Liaoceratops*	东北巨龙 *Dongbeititan* 今天的中国	羽王龙 *Yutyrannus* 今天的中国
	老挝	长羽盗龙 *Changyuraptor* 今天的中国	尾羽龙 *Caudipteryx* 今天的中国	中华丽羽龙 *Sinocalliopteryx* 今天的中国	锦州龙 *Jinzhousaurus* 今天的中国
	印度	洛阳龙 *Luoyanggia* 今天的中国	云梦龙 *Yunmenglong* 今天的中国	辽宁龙 *Liaoningosaurus* 今天的中国	汝阳龙 *Ruyangosaurus* 今天的中国
	吉尔吉斯斯坦	青岛龙 *Tsintaosaurus* 今天的中国	中国角龙 *Sinoceratops* 今天的中国	豫龙 *Yulong* 今天的中国	秋扒龙 *Qiupalong* 今天的中国
		伶盗龙 *Velociraptor* 今天的蒙古国	原角龙 *Protoceratops* 今天的蒙古国	后凹尾龙 *Opisthocoelicaudia* 今天的蒙古国	窃蛋龙 *Oviraptor* 今天的蒙古国
北美洲	美国	异特龙 *Allosaurus* 今天的美国	角鼻龙 *Ceratosaurus* 今天的美国	橡树龙 *Dryosaurus* 今天的美国	
	加拿大	肿头龙 *Pachycephalosaurus* 今天的美国	包头龙 *Euoplocephalus* 今天的美国	三角龙 *Triceratops* 今天的美国	
南美洲	阿根廷	始驰龙 *Eodromaeus* 今天的阿根廷	始盗龙 *Eoraptor* 今天的阿根廷	艾雷拉龙 *Herrerasaurus* 今天的阿根廷	
	巴西	农神龙 *Saturnalia* 今天的巴西			
欧洲	德国			翼椎龙 *Pterospondylus* 今天的德国	
	英国	板龙 *Plateosaurus* 今天的德国	巨齿龙 *Megalosaurus* 今天的英国	沟椎龙 *Bothriospondylus* 今天的英国	多刺甲龙 *Polacanthus* 今天的英国
	西班牙				
大洋洲	澳大利亚	敏迷龙 *Minmi* 今天的澳大利亚	丽阿琳龙 *Leaellynasaura* 今天的澳大利亚		
非洲	南非				
	坦桑尼亚				
	埃及	麝喙兽 *Moschorhinus* 今天的南非	钉状龙 *Kentrosaurus* 今天的坦桑尼亚		
	尼日尔				
	马达加斯加				
南极洲	南极洲	冰脊龙 *Cryolophosaurus* 今天的南极洲			

编绘机构：PNSO 啄木鸟科学艺术小组

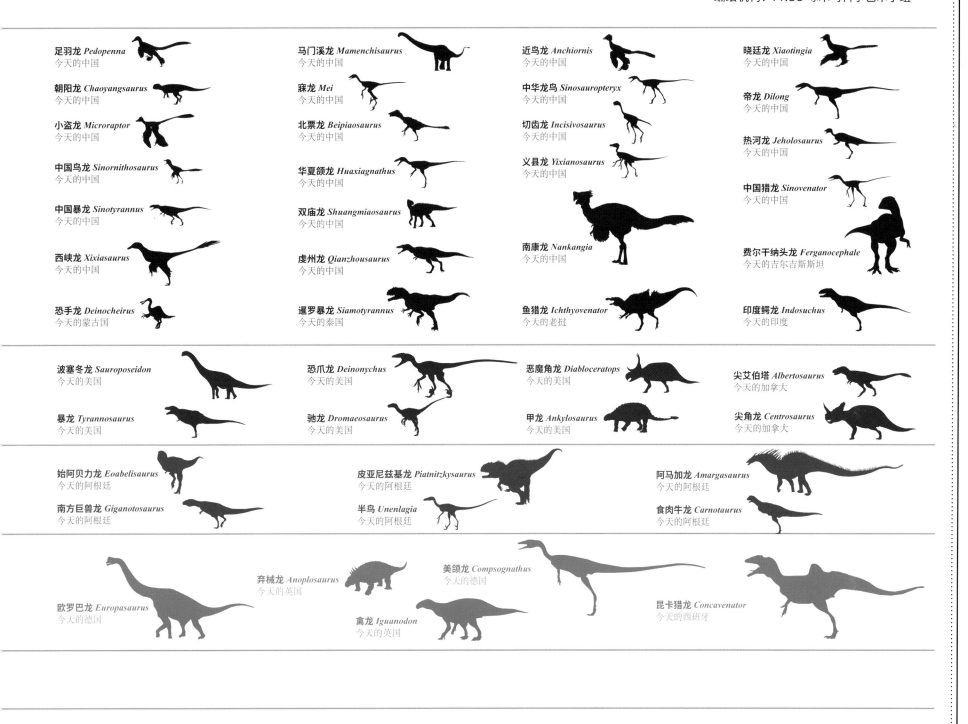

足羽龙 *Pedopenna*
今天的中国

朝阳龙 *Chaoyangsaurus*
今天的中国

小盗龙 *Microraptor*
今天的中国

中国鸟龙 *Sinornithosaurus*
今天的中国

中国暴龙 *Sinotyrannus*
今天的中国

西峡龙 *Xixiasaurus*
今天的中国

恐手龙 *Deinocheirus*
今天的蒙古国

马门溪龙 *Mamenchisaurus*
今天的中国

寐龙 *Mei*
今天的中国

北票龙 *Beipiaosaurus*
今天的中国

华夏颌龙 *Huaxiagnathus*
今天的中国

双庙龙 *Shuangmiaosaurus*
今天的中国

虔州龙 *Qianzhousaurus*
今天的中国

暹罗暴龙 *Siamotyrannus*
今天的泰国

近鸟龙 *Anchiornis*
今天的中国

中华龙鸟 *Sinosauropteryx*
今天的中国

切齿龙 *Incisivosaurus*
今天的中国

义县龙 *Yixianosaurus*
今天的中国

南康龙 *Nankangia*
今天的中国

鱼猎龙 *Ichthyovenator*
今天的老挝

晓廷龙 *Xiaotingia*
今天的中国

帝龙 *Dilong*
今天的中国

热河龙 *Jeholosaurus*
今天的中国

中国猎龙 *Sinovenator*
今天的中国

费尔干纳头龙 *Ferganocephale*
今天的吉尔吉斯斯坦

印度鳄龙 *Indosuchus*
今天的印度

波塞冬龙 *Sauroposeidon*
今天的美国

暴龙 *Tyrannosaurus*
今天的美国

恐爪龙 *Deinonychus*
今天的美国

驰龙 *Dromaeosaurus*
今天的美国

恶魔角龙 *Diabloceratops*
今天的美国

甲龙 *Ankylosaurus*
今天的美国

尖艾伯塔 *Albertosaurus*
今天的加拿大

尖角龙 *Centrosaurus*
今天的加拿大

始阿贝力龙 *Eoabelisaurus*
今天的阿根廷

南方巨兽龙 *Giganotosaurus*
今天的阿根廷

皮亚尼兹基龙 *Piatnitzkysaurus*
今天的阿根廷

半鸟 *Unenlagia*
今天的阿根廷

阿马加龙 *Amargasaurus*
今天的阿根廷

食肉牛龙 *Carnotaurus*
今天的阿根廷

欧罗巴龙 *Europasaurus*
今天的德国

弃械龙 *Anoplosaurus*
今天的英国

禽龙 *Iguanodon*
今天的英国

美颌龙 *Compsognathus*
今天的德国

昆卡猎龙 *Concavenator*
今天的西班牙

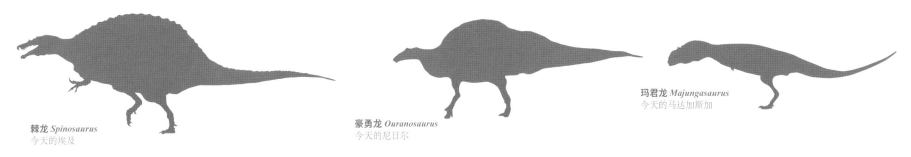

棘龙 *Spinosaurus*
今天的埃及

豪勇龙 *Ouranosaurus*
今天的尼日尔

玛君龙 *Majungasaurus*
今天的马达斯加

孤独的三叠纪

距今约 2.5 亿年前至 2.01 亿年前，地球所处的时代被称为三叠纪。

那时的地球只有一块名叫盘古大陆的陆地，浩瀚的大海包裹着它。

盘古大陆十分广阔，海洋的湿气并不能到达深邃的大陆中心。于是在陆地中间形成了一个巨大的沙漠，那里异常干燥、炙热。但是大陆其他部分的气候仍然温暖湿润，并且这种感觉一直延续到地球的两极，那个时候那里并没有冰川覆盖。

在得天独厚的气候条件下，蕨类植物和针叶植物等日渐繁盛。

良好的气候环境，让各种生命在经过二叠纪大灭绝的灾难之后，渐渐开始复苏。恐龙的队伍逐渐兴起，将要在日后成长为地球上陆地的霸主。

只是，它们尚且弱小，想要实现这样的目标，必然需要付出巨大的努力。在通往梦想的道路上，随处可见它们孤独的身影。

麝喙兽

2.5 亿年前，今天的南非

大灭绝几乎摧毁了一切，世界重归寂静。

2.5 亿年前的一个黎明，一只从大灭绝中逃生的麝喙兽，在微弱的晨光下打量着这个荒凉的世界。

生命的迹象几近全无，而时代的更迭却未因此停滞。古生代已然远去，中生代悄然而至。

麝喙兽独自立于这片土地上，寄望天意将统治者的大旗交与它们 —— 这群在灾难中幸存的兽孔类动物。它们并不知道，灾难是对原有生命的摧毁，亦是对新生命的催生。它们正被一种新的强大的力量慢慢吞噬，回响在它们耳边的死亡号角一直都未停歇。

始驰龙

2.34 亿年前，今天的阿根廷

　　2.34 亿年前，一只另类的爬行动物突然从地面上站了起来。它用后肢支撑起身体，从高处望向远方。它的鼻腔不再被那些讨厌的土腥味儿塞满，它闻到了飘荡在高空中的新鲜的气息。

　　它的名字叫作始驰龙，这次不同寻常的站立开创了一个全新的族群——恐龙。

　　就像所有伟大的事物都有一个毫不起眼的开端一样，那些还在等待好运降临的兽孔类动物，永远不会明白恐龙这种不足挂齿的弱小生命何以成为未来之王，开始了对地球将近 1.7 亿年的统治。

始盗龙

2.31 亿年前，今天的阿根廷

始盗龙拉开了恐龙家族的序幕，它们在今天南美洲的阿根廷建立了自己的家园。

家园一经建立，便得以迅速发展。几乎是在同一时期，始盗龙出现在恐龙族群中。它们看上去非常弱小，身长大约只有1米，身高0.3米，体重6千克；它们的嘴里还混合生长着肉食性动物和植食性动物的牙齿，看上去并不先进。不过，这并不重要，对于任何一种初生的生命来说，这都是必经之路。

艾雷拉龙

2.31 亿年前，今天的阿根廷

虽然仍然处在四足爬行动物的阴影之下，原始的恐龙家族还是演化出了体形较大的个体。2.31 亿年前，南美洲再次孕育出一种神奇的恐龙——艾雷拉龙。它们不再像始驰龙和始盗龙那样弱不禁风，它们的身形是那样健壮，像是 6 只始驰龙的合体；它们的后肢是那样敏捷，早已在战斗中经过千百次淬炼；它们生出了锋利的爪和尖利的牙，成为完全的肉食恐龙。它们正在建立一个前所未有的王朝。

农神龙

2.25 亿年前，今天的巴西

　　2.25 亿年前，一群叫作农神龙的恐龙在今天的巴西诞生。它们打破了恐龙家族略带沉闷的气氛，为家族带来了新鲜的血液。

　　与之前无肉不欢的恐龙不同，它们以植物为食，拥有长长的脖子和尾巴。它们在丰富恐龙族群的同时，也吊足了以艾雷拉龙为代表的肉食恐龙的胃口。从此，恐龙家族的两大阵营践行着弱肉强食的生存法则，开始了旷日持久的争斗，直至消亡。

板龙

2.14 亿年前，今天的德国

大自然的生存法则如此残酷，没有同情，没有礼让，面对复杂的境况，摇摆之间，失掉的不仅仅是权力和地位，更是自己的性命。好在，刚刚来到这个世界不久的恐龙就深知这个道理。

2.14 亿年前，在今天的德国，一只板龙警惕地望向后方。板龙来自蜥脚类家族，作为最早的植食恐龙之一，为了抵御那些可怕的袭击者，它们想出了让身体变大的对策，可生活并不像想象得那么顺利，那些锋利的爪子还是常常无情地落到它们身上。为了生存，它们还要变得更大一些，大得像座山一样，而在那之前，它们不能放松警惕，更不能放弃希望。

翼椎龙

2.1 亿年前，今天的德国

　　一群鱼跃出湖面，带起了闪耀着璀璨光芒的水滴。在一旁久等的翼椎龙绷紧身体，朝鱼群跃去。

　　翼椎龙是兽脚类恐龙家族的开创者之一，兽脚类恐龙是一个显赫的家族，所有的肉食恐龙都生活在里面，它们会在将来成为各个生态位的统治者。当然，此刻它们还未成为世界的主宰，那些庞大的、四足爬行的动物们，依然心存侥幸，等待王冠的加冕。

恐龙主宰的时代

2.01 亿年前，今天的美国

恐龙家族一直等待的那个机会终于来了。

它们还没有和四足爬行动物开始真正的较量，一次大规模的灭绝事件让那些四足爬行动物再一次领教了生存的残酷。

早有准备的恐龙家族逃过灾难，幸存了下来。它们以极大的优势彻底摧毁了四足爬行动物的尊严，并成功地抓住机会发展壮大起来。

一个物种的消亡，预示着另一个物种的崛起，这听上去似乎很残酷，可生命就是在这样的轮回中向前推进的。

由恐龙主宰的时代真正开始了！

缤纷的侏罗纪

距今约 2.01 亿年前至 1.45 亿年前，地球进入了侏罗纪时代。从中侏罗世开始，盘古大陆不再像以前那样稳定，而是开始了分裂。

这一时期的气候经历了从干燥闷热向湿润的转变过程，使地球上的植物得到了快速发展。裸子植物迎来了顶峰时期，蕨类、针叶林、苏铁类等植物遍布全球，到处都是郁郁葱葱的森林，其中，尤以红杉、银杏和罗汉松居多。

植物的大发展当然促进了动物的演化，其中，恐龙无论是在数量上还是规模上，都进入了一个快速扩张的时期。它们遍布世界各地，不管在湿润的沼泽、茂密的森林，还是空旷的高地，都能看到它们的身影。它们渐渐开始在各个生态位展现出自己的领导才华，带领族群努力生活。陆地世界一片精彩纷呈。

芦沟龙

1.9 亿年前，今天的中国云南

时间由三叠纪走向侏罗纪，恐龙统治世界的全盛时代也开始了。

一只漂亮的布满绿色花纹的雌性芦沟龙，正在挑选合适的雄性芦沟龙。它很享受这个时刻，可心里又不免有些紧张。因为伴侣关系到是否能够成功繁衍，而繁衍对它来说更意味着种族的存亡。

芦沟龙可能属于兽脚类家族下的一个分支——角鼻龙家族，是恐龙时代早期最主要的掠食者。大概因为占据着食物链的顶端，它们才有闲情逸致去挑选伴侣吧！

冰嵴龙

1.88 亿年前，今天的南极洲

越来越多的恐龙开始在世界各地上演着自己精彩的生活，从家乡南美洲出发走向世界，恐龙家族并没有花去太长时间。

一只冰嵴龙正在为即将追到一只猎物兴奋不已，它没注意到自己已经踏入了异族的领地，就在它追捕猎物的同时，危险也正向它袭来。

和芦沟龙不同，冰嵴龙属于兽脚类家族的另外一个分支——坚尾龙家族。这个家族出现后，对角鼻龙家族造成了巨大的压力，肉食恐龙之间的战斗缓缓拉开了序幕。

始阿贝力龙

1.7 亿年前，今天的阿根廷

　　1.7 亿年前，在今天的南美洲阿根廷，始阿贝力龙横空出世。

　　或许现在的始阿贝力龙看上去多了一点儒雅，少了一点霸气，但是它一出生就肩负重任，它要在未来很短的时间内带领角鼻龙家族，踏遍南方冈瓦纳大陆，包括今天的南美洲、非洲、印度和澳大利亚，成长为南方最顶级的掠食者。

　　从后来的结果看，始阿贝力龙确实出色地完成了任务，成为一名优秀的猎手。

费尔干纳头龙

1.7 亿年前，今天的吉尔吉斯斯坦

　　一只特别的恐龙钻出了蛋壳，听说它们家族成员的脑袋上都会有奇特的圆形隆起，这个隆起将使它们成为无与伦比的类群——肿头龙类恐龙。

　　可惜，在这只名叫费尔干纳头龙的头顶上，并没有什么隆起，只有一些粗糙的类似鳞甲的东西。不过别着急，谁都知道想做成一件事情，不花费时间是万万不行的。

耀龙

1.68 亿年前，今天的中国内蒙古

一只雄性耀龙张开嘴巴露出锋利的牙齿，尽量让自己看起来更加威武凶猛。它卖力地炫耀着漂亮的尾羽，想要引起雌性耀龙的注意。

这只鸽子般大小的耀龙身形虽小，却非常独特。和其他身披鳞甲的同类不同，它的身体覆盖着绚丽的羽毛。虽然不同于现代鸟类结构复杂的羽毛，但是这个大胆的尝试似乎是抛砖引玉，为恐龙家族开辟了一种全新的演化方式。

耀龙属于奇特的虚骨龙类家族，这是兽脚类家族中一支另类的多样化的族群。它们几乎都拥有羽毛，与鸟类有较近的亲缘关系；它们中的一部分不再满足于奔跑，而想要翱翔天空。除了耀龙，今后会有越来越多的成员加入，向这个不可能完成的梦想发起挑战。

树息龙

1.68 亿年前，今天的中国内蒙古

  恐龙的种类还在不断增多，竞争也越来越激烈，想要成功地生存下去，懂得另辟蹊径非常重要。

  这个小不点是树息龙，属于虚骨龙类家族的擅攀鸟龙科。虽然离掌握飞翔的技能还差得很远，可是它已经可以攀爬在树上了，它超长的手指可以伸到树洞里，轻松地掏出一些虫子填饱肚子，而它弯曲的指爪则能够牢牢地抓住树干。

巨齿龙

1.66 亿年前，今天的英国

　　一只巨齿龙想要从背后偷袭一只锐龙。巨齿龙对这次攻击胸有成竹，它成功地潜伏到了锐龙的身后，张开大嘴准备狠狠地咬下去。可没想到，嘴巴未到，锐龙倒是不动声色地将带刺的尾巴狠狠地抽打在它的脸上。

　　这只看起来不起眼的植食恐龙，并不是个普通的角色，它代表了一支可以主动对抗掠食者的类群——剑龙类恐龙。它们勇敢无比，将史无前例地改写植食恐龙的历史！

　　所以，今后巨齿龙想要顺利地猎捕它们，要更加谨慎才行。

华阳龙

1.65 亿年前，今天的中国四川

一场战斗一触即发。

拥有华丽头冠的双嵴龙已经擂响了战鼓，它的目标是河对岸的华阳龙。虽然这是肉食恐龙与植食恐龙之间的对决，但是因为华阳龙背上长有高耸的骨板和尖刺，使得战斗饱含悬念。

此时的华阳龙已经将剑龙家族的防御武器加以充分演化，成为那个时代名副其实的武士。

早—中侏罗世蜀龙动物群

1.64 亿年前，今天的中国四川

1.64 亿年前，世界进入了中侏罗世，恐龙家族发展至此，已经呈现出非常明显的优势。

那时候的中国四川地区，正是一派欣欣向荣。植食恐龙中的蜥脚类继续向更大的方向迈进，那只站立于水中的峨眉龙体长达到了 17 米；长有武器的剑龙类不断地优化着它们的骨板和棘刺；一些身体娇小的鸟脚类恐龙，能够凭借快速奔跑躲避敌人；而肉食恐龙也变得更加凶猛，让猎物望而生畏，恐龙牢牢坐在了陆地霸主的位置上。

足羽龙

1.64 亿年前，今天的中国辽宁

　　一只身披华丽羽毛的足羽龙站在树干上想要练习飞翔。这可不是它第一次练习，在这片丛林里生活的家伙们常常能听到它在树枝间呼呼扑腾的声音，只可惜，到现在为止它一次都还没飞起来。

　　足羽龙是虚骨龙家族的成员，它看起来像极了现代的鸟。虽然它的羽毛最终并不能让它成功地飞向天空，可是又有谁有资格嘲笑一个永远心怀梦想的家伙呢！

皮亚尼兹基龙

1.63 亿年前，今天的阿根廷

　　大部分动物都还在甜美的睡梦中，可是凶猛的坚尾龙家族成员皮亚尼兹基龙已经醒了。它漫步在林间，不多久就遇到了同样早起的赫伯斯翼龙，它抬起头向这只在空中飞翔的家伙打了个招呼。

　　它们共同生活在这片丛林，虽然都是各自族群的顶级掠食者，却依然能和平共处。它们是分属两个世界的强者，似乎永远都不会产生交集。可有时候，它们也需要在一起，互相安慰一下，以便让缺乏对手的生活不那么乏味。

马门溪龙

1.6 亿年前，今天的中国四川

　　毒辣的太阳渐渐远去了，波涛一般的朱红色缓缓地从地平线上升起。紧接着是酱紫、淡蓝，层层叠叠地堆砌在面前，浓重而艳丽！

　　在如此深沉的色彩中，一切看起来都变得既柔和又坚固，就连十几千米之上的那一大块积雨云，看起来也仿佛是悬浮在空气之中的巨大果冻。

　　雨夜即将来临，而喧闹了一天的丛林很快会安静下来。

　　这是动物们最快乐的时刻，于是脚步就显得轻松起来。它们满载着一天的战果，将与亲人度过一个幸福的夜晚。

　　这只走在晚霞中的马门溪龙虽然是植食恐龙，可因为巨大的体形，没有谁敢轻易靠近它。

近鸟龙

1.6 亿年前，今天的中国辽宁

一对近鸟龙依偎在阳光的照耀下。

近鸟龙属于虚骨龙家族中的伤齿龙科，是最早拥有羽毛的恐龙之一。它们不仅全身披覆羽毛，而且还长有两对翅膀。它们也像鸟类一样长有飞羽，分布在它们的前肢、后肢和尾部，只可惜，它们的初级飞羽和次级飞羽的长度接近，羽轴纤细，羽片弯曲而形状对称，羽毛的尖端钝圆，所以它们始终无法飞上天空，只能拖着翅膀在地面上奔跑。

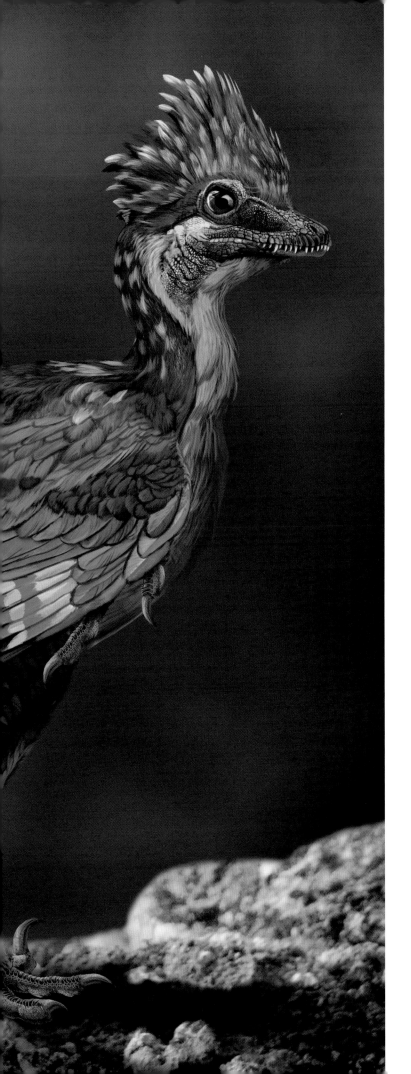

晓廷龙

1.6 亿年前，今天的中国辽宁

一只晓廷龙正站在树枝上警惕地四下张望。

晓廷龙与近鸟龙同属于伤齿龙科，也是拥有四翼的恐龙。它的嘴里长有锐利的牙齿，后肢上具有家族共同的特征——像镰刀一样锋利的爪子，虽然这会让许多猎物不寒而栗，可是你得知道那些猎物大多都是蜥蜴那样的小不点。作为最小的肉食恐龙之一，晓廷龙不得不加倍谨慎，否则在它成功地捕到猎物之前，说不定就已经先沦为别人的猎物了。

奇翼龙

1.6 亿年前，今天的中国河北

长有羽毛的近鸟龙还没有实现飞天的梦想，生有翼膜的奇翼龙却已经先行一步，自由地在林间滑翔了。这种同样生活在1.6 亿年前的恐龙，在恐龙家族中是独一无二的，它们有着与所有梦想飞翔的恐龙完全不一样的飞行结构——翼膜，非常像现代的蝙蝠或者鼯鼠。这样的结构虽然还不能让它们像鸟类一样飞翔，但是足以让它们在林间顺畅地滑翔。看来，为了能够飞上蓝天，恐龙们尝试的方法远远比我们想象的要多、要大胆。

冠龙

1.6 亿年前，今天的中国新疆

一只冠龙正在林间急速追赶一只泥潭龙。它们已经穿过了整片开阔地，可冠龙依然紧追不舍。

这种会在爱人面前温柔地将自己的头冠变成艳丽的红色、卖力展示自己华丽毛发的恐龙，面对猎物的时候可就不那么温文尔雅了。

这没什么大惊小怪的，作为虚骨龙家族最特别的一支，冠龙的后代将演化成中生代的终极霸主——暴龙，所以这位祖先级人物总应该寻找机会证明自己的实力。

天宇龙

1.58 亿年前，今天的中国辽宁

　　1.58 亿年前，曾经出现过一群特别的恐龙。它们娇小可爱，体长只有 0.7 米，身上披着美丽的羽毛。重要的是，它们并不是恐龙群里常常出现的长有羽毛的兽脚类恐龙，而是属于植食恐龙家族的鸟臀类。

　　它们就是天宇龙。

　　天宇龙习惯天黑了才出来活动觅食，因为它们身体上高耸的细管状羽毛总是会被阳光照得透亮，把它们轻易地暴露在肉食恐龙面前。所以，相比暖暖的太阳，它们更喜欢月亮，虽然有些冰冷，却很安全。

隐龙

1.56 亿年前，今天的中国新疆

　　1.56 亿年前，在今天的中国新疆，一只奇怪的恐龙——隐龙——破壳而出。它的样子似乎和周围的恐龙看起来都不一样，长着没有角质的喙状嘴，脑袋很大，头骨后部还有一个未发育的突起，非常怪异。

　　它并不知道自己的出生有多么不平凡，它正在引领一个新的族群——角龙类——来到这个世界上，它会带领植食恐龙登上从未到达的高度。

钉状龙

1.55 亿年前，今天的坦桑尼亚

一只钉状龙正在一边啃食地面上新鲜的地衣，一边在树干上为自己的后背挠痒痒。

钉状龙是一种剑龙类恐龙，体形中等，身长大约 5 米。和其他剑龙家族成员一样，也拥有锋利的骨板和棘刺。它的骨板形状不同，位于前半身的呈三角形，越往后越细，渐渐地变成了骨刺状。除了骨板，它的尾巴末端还有四根尖刺，能配合骨板一起对付那些可怕的掠食者。

沟椎龙

1.55 亿年前，今天的英国

　　天气阴沉沉的，快要下雨了。一只体形巨大的沟椎龙虽然还没填饱肚子，但它不得不离开这儿，找个地方躲躲雨。它正往前走着，忽然听到头顶传来一阵声音，转头一看，是一只将要与它擦身而过的艇颌翼龙。

　　沟椎龙来自蜥脚类家族，模样完全符合家族特色，拥有庞大的身体、长长的脖子和尾巴。虽然大部分蜥脚类恐龙的长脖子都不能抬得很高，但沟椎龙却是个例外。沟椎龙的前肢比后肢长一些，这让脖子总是能高高抬起。于是，沟椎龙才能敏锐地发现那只在高空中急速飞行的艇颌翼龙。

异特龙

1.55 亿年前，今天的美国

　　两只体长近 9 米的异特龙结伴去捕食，这可是少有的景象。异特龙几乎是侏罗纪最勇猛的恐龙，对于这种站在食物链顶端的大型肉食恐龙来说，独处才是它们最享受的状态。它们习惯独自捕食，独自睡觉，独自散步，甚至独自玩耍，它们足够强大，似乎完全不需要朋友的陪伴与帮助。

　　可是，事情总有例外。如果想要捕食体形巨大的猎物，就必须集体作战。就像现在这样，它们正远远地跟着一队迁徙的蜥脚类恐龙，准备伏击队伍中那只年老的、连快步行走都有些吃力的恐龙。

　　没过多久，猎物果然彻底掉队了，这是绝佳的机会。它们已经准备好了战斗的武器——锋利的牙齿和前肢上闪着寒光的爪子，只要扑上去狠狠地咬住对方的脖子，估计用不了多久猎物就会断气。而这顿美餐，足够它俩享用一星期了。

角鼻龙

1.55 亿年前，今天的美国

　　一只台地翼龙和一只科摩翼龙从高空急速掠过，共同扑向前方水域中嬉戏的鱼，它们庞大的翼展似乎要将天空切割成碎块。地面上的角鼻龙被它们的举动吓了一跳，以为是冲着自己来的，立刻集中精神准备投入战斗，可仔细一看才发现这激烈的争夺与自己无关。

　　角鼻龙显然是角鼻龙家族的成员，它们拥有锋利的爪子、锯齿状的牙齿，以及可怕的鼻角。它们的身体不算小，但一点也不笨重，行动非常敏捷。它们的家族发展异常迅速，在诞生后没多久，便遍布世界各地。它们是伟大的实战家，很少会像刚才那样，仅仅做战斗的旁观者。

欧罗巴龙

1.54 亿年前，今天的德国

  一只欧罗巴龙把身体搭在一段树干上，伸长了脖子尽力向远处张望。

  欧罗巴龙也来自蜥脚类恐龙家族，这从它相对较长的脖子上就能看得出来。可是和家族成员庞大的身体相比，它们可真是太小了，最大的个体也才 6.2 米。欧罗巴龙会这么小，完全是由它们生活的环境导致的。它们生活在一个小岛上，食物并不充裕，庞大的身体显然不适合那样的环境。所以，它们的祖先努力地降低生长速度，让自己和后代变得越来越小，以便适应生活的需要。这才有了特别的欧罗巴龙。

朝阳龙

1.5 亿年前，今天的中国辽宁

　　一只朝阳龙被肉食恐龙追赶着跑进了树林，它在一棵粗壮的树干后面停了下来，四下张望，试图寻找一个理想的藏身处。

　　尽管眼前的情况如此危险，可朝阳龙依然极其冷静。作为日后抵御肉食恐龙攻击的主力军——角龙家族的元老级人物，朝阳龙虽然还没有长出锋利的角，可是勇士般的气质已经流淌在血液中了。

橡树龙

1.5 亿年前，今天的美国

　　夜幕缓缓降临，喧闹了一天的森林变得安静起来。可橡树龙却没有休息，事实上，它更喜欢在夜晚出动。因为它的视力很好，即使是在微弱的光线中也能分辨出自己喜欢的那种树叶。它用一个后肢支撑着自己的身体，嘴巴慢慢靠近它喜欢的香氛。它的身体微微紧绷，时刻警惕着敌人的到来。

　　橡树龙没有剑龙类恐龙的装甲，也没有蜥脚类恐龙的庞大身体，可是它有每小时 40 千米的奔跑速度，一旦受到侵袭，就会立刻加速。这样的速度，没有几个敌人能追得上。

美颌龙

1.5 亿年前，今天的德国

　　与其费力地寻找与别人的共同点，不如欣然接受自己的独特之处，因为那才是真正的你。就像这位虚骨龙家族成员——娇小的美颌龙，它从不奢望自己也能像异特龙一样拥有硕大的身体，对它而言，精致才是它的选择。

　　清晨的雾气还没散去，树干上挂满了露水，一只蜻蜓从熟睡的美颌龙身边飞过，轻薄的翅膀不小心蹭到了美颌龙的鼻翼。美颌龙一下子惊醒了，它瞬间立起身子，张开嘴巴，准确地咬住了蜻蜓。这一系列动作一气呵成，仿佛一瞬间的事情。

　　要不是美颌龙身长只有 1.4 米，骨骼中空，身体大半部分都被长长的尾巴占去，所以轻盈得要命，它也不会那么轻易就得到这顿早餐。虽然只是一只蜻蜓，可对于娇小的美颌龙来说已经足够了。

悲凉的白垩纪

　　距今约 1.45 亿年前至 6600 万年前，地球进入了白垩纪，这是恐龙生存的最后一个时代。

　　盘古大陆继续分裂，开始接近现代大陆板块的样子，但是各个大陆所在的位置与现在有很大差别。

　　从侏罗纪晚期的最后一期开始出现的寒冷显著增加，高纬度地区的降雪明显增多，而热带地区比三叠纪、侏罗纪更为潮湿。不过，即使这样，由于大面积的火山爆发，从巴列姆阶末期起，气温开始上升。

　　恐龙仍然是陆地当之无愧的霸主，它们以为这样的辉煌会一直持续下去。可谁知，白垩纪末期一场长达数百万年的灾难，让非鸟类恐龙彻底从世界上消失了。

　　伟大的统治者恐龙结束了将近 1.7 亿年的统治。然而，地球的生活并没有因为它们的离去而停止，新的统治者——哺乳动物——正从它们的阴影中走出来，跃跃欲试。

　　旧世已去，新世到来，希望在一片悲凉中重新点燃。

寐龙

1.4 亿年前，今天的中国辽宁

　　兽脚类恐龙想要牢牢地占据统治者的地位，最有效的方法就是大型化。但是总有一些特别的家伙，它们不喜欢做什么统治者，不追求那些庞大的猎物，只喜欢小蜥蜴、小虫子这样的食物，也并没有变大的欲望。因此，即使在恐龙发展的黄金时期，恐龙家族中体形娇小、行动迅捷的恐龙也有增无减。

　　一只寐龙蜷缩起身子，将头埋在前肢下，安静地睡着了。

　　寐龙是一种体形娇小的伤齿龙科恐龙，与鸟类的关系很近。它们不仅像鸟一样长有漂亮的羽毛，就连睡觉的姿势也和鸟类非常相像。

中华龙鸟

1.4 亿年前，今天的中国辽宁

　　身形娇小的中华龙鸟在争夺配偶时显得那么温柔优雅，可这并不代表它们怯懦，只不过它们不希望两败俱伤。它们习惯安静地对峙，最终的胜利者就是坚持到底的那个家伙。

　　看，两只雄性中华龙鸟正为了争夺配偶而对峙着。这场面十分安静，但是空气中却充斥着杀气腾腾的气息。两只中华龙鸟都在尽力保持平静，好让自己看上去一副无所谓的样子，以便迷惑对方。表情可以伪装，身体却在说着实话。

　　它们伸直双腿，仰着头，露出脖子下面充血变红的皮肤；尾巴高高挑起，炫耀着上面鲜明的白色环形花纹；身上的毛发也都直直地竖了起来，看上去毫不退让。

多刺甲龙

1.32 亿年前，今天的英国

　　植食恐龙的防御系统在长时间的斗争中进行了多次重量级的改革。背部和尾部生有棘刺的剑龙家族，历史性地扭转了植食恐龙被动的生存局面，但遗憾的是它们大约只生存了5000万年。好在，随后出现了一支奇异的队伍——甲龙家族，它们让植食恐龙的防御系统达到了一个崭新的高度。

　　1.32 亿年前，在今天的英国，多刺甲龙诞生了。它们的身上布满了椭圆形的骨板和巨大的骨刺，从头到脚形成了完善的装甲系统。它们能在不同的场合运用不同的装甲，以便达到完美的防御效果。

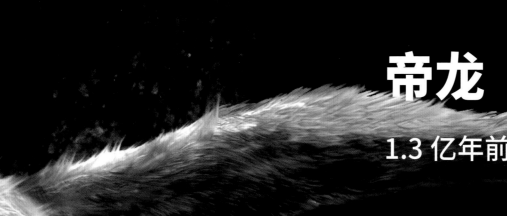

帝龙

1.3 亿年前，今天的中国辽宁

进入恐龙发展的黄金时代后，一个非常重要的恐龙族群——暴龙类恐龙——也加快了发展节奏。别看它们现在还有些弱小，但很快就会成为陆地上出现过的最厉害的掠食动物。

它们就像一支训练有素的特种部队，凭借自身的优势迅速冲出竞争异常激烈的黑夜，走向独霸天下的黎明。它们的潜质从这个身披羽毛的原始暴龙类恐龙——帝龙——身上就能看得出来。

相比更早期的暴龙家族成员——冠龙，帝龙悍勇好斗、外表张扬，更能展现出家族的霸气。

昆卡猎龙

1.3 亿年前，今天的西班牙

美丽的外貌并不总是生存的通行证，有时也会惹来意想不到的麻烦。

一只身披华丽羽毛的昆卡猎龙悄无声息地向猎物走去。它有着出色的容貌，但却常常陷入困境。它总是因为背上华贵的、呈红色花纹的突起而提前在猎物面前暴露。虽然它的体长大约 6 米，在肉食恐龙中并不算小，但是因为它容易暴露的外表，捕食过程并没有想象中那么顺利。

鹦鹉嘴龙

1.3 亿年前，今天的中国辽宁

在生命演化的进程中，有时候数量能决定一切。那些能够成功繁育足够多后代的物种往往会成为优势物种。鹦鹉嘴龙就是这样。

1.3 亿年前，在今天的中国辽宁，一只鹦鹉嘴龙妈妈带着孩子们走出洞穴，到森林里散步。

鹦鹉嘴龙是一种原始的角龙类恐龙，以鹦鹉状的喙状嘴而闻名。它们的体形很小，大约只有 2 米，除了背上有一些坚硬的刺，似乎没有更多的东西能够保护自己。可即便这样，它们的家族仍然非常兴旺，不仅成员数量众多，而且种类特别丰富，它们喜欢聚集在一起，过群居生活。

波塞冬龙

1.3 亿年前，今天的美国

波塞冬龙是庞大的蜥脚类家族成员，也是世界上最高的恐龙。所以，它们总是能够轻松地应对环境的变化，比如干旱，它们大可不必急急忙忙踏上危险重重的迁徙之路，因为树顶上那些新鲜的叶子，能让它们维持很长一段时间的生活。而其他的植食恐龙就没有那么幸运了，就像这只波塞冬龙脚边的那三只饥饿的弯龙，它们只能奢望着能有多余的树叶从波塞冬龙的嘴里漏出来。

不过，波塞冬龙也不是完美的。巨大的身体让它们行动笨拙，在灾难面前会失去逃亡的机会。当然，此时的它们正站在生命的顶峰，是不会注意到不远的地方便是万丈深渊的。

辽宁角龙

1.3 亿年前，今天的中国辽宁

一只辽宁角龙正走向一棵新鲜的蕨类。

在蕨类旁边，有一只熟睡的肉食恐龙。辽宁角龙当然注意到了，但它脚下没停，仍然一点一点地向着它喜欢的食物靠近。

硕大的树林里，当然不是只有那一棵蕨类，可是辽宁角龙生性爱冒险，也难怪，已经长出一个小小头盾的它，越来越像一个真正的角龙家族的战士，无畏地迈向那个梦想中的制高点。

阿马加龙

1.3 亿年前，今天的阿根廷

两只阿马加龙正在一处开阔地上觅食。

阿马甲龙是一种非常特别的蜥脚类恐龙，体形非常小，身长只有 10 米，大概只相当于鸭嘴龙的身长；但是外形却很扎眼，因为它们的背上长有高耸的棘刺。这些棘刺由高到低由颈部一直长到臀部，在颈部为平行排列的两列，到背部中段时合并成一列，最高处达到了 65 厘米。虽然其他的蜥脚类恐龙，比如梁龙，也有类似的棘刺，但都没有阿马加龙这么高。

高耸的棘刺很好地弥补了阿马加龙在体形上的弱点，能够帮助它们很好地吓唬掠食者，警告它们不要靠近自己。

东北巨龙

1.28 亿年前，今天的中国辽宁

　　一只东北巨龙正在干裂的大地上漫步，距它不远的地方是一座座刚刚停歇不久的火山，虽然不再有炙热的熔岩向外喷涌，可东北巨龙依旧能在空气中闻到呛鼻的气味。

　　东北巨龙来自蜥脚类恐龙家族，拥有庞大的身体。因为在它生活的环境中，大多都是些娇小的猎手，所以它并不常常为自己的安危担心。可是最近，它却变得小心谨慎起来，因为频繁活动的火山已经让很多生灵丧生了。

弃械龙

1.27 亿年前，今天的英国

一只弃械龙穿过森林，准备到湖边饮水。它才刚低下头，嘴巴还没碰到湖面，就听到一阵喧闹声，抬头一看，是一只急速朝湖水俯冲下来的捻船头翼龙，大概是要去抓跃出水面的鱼儿。弃械龙收回了脚步，在岸边等待着，它想等那边的捕食结束，湖水恢复平静，再开始喝水。

弃械龙并不算太聪明，但是这并没有给它的生活带来很多不便，毕竟它身上布满了甲片和尖刺这样的装甲，总是能够很好地保护它。

禽龙

1.26 亿年前，今天的英国

　　一只禽龙缓步行走在沙滩上，它鸭子状的宽大扁平的嘴，在月光下尤为显眼。这嘴的模样也许并不好看，但却让禽龙成了美食家，让它能轻易地撕扯下枝叶，而面颊部那些早已经准备好的牙齿，又能很快将枝叶磨碎。

　　禽龙并不担心有什么掠食者会在夜晚伏击它，毕竟它有一个庞大的身体，体长 10 米，身高达到了 4 米，不是谁都能把它当作猎物的。况且，在它的前肢上，还有一个锋利无比的大爪子，那可是个好武器，总是会让掠食者退避三舍。

羽王龙

1.25 亿年前，今天的中国辽宁

两只身长 9 米、身覆羽毛的羽王龙在森林中寻找着猎物。在它们身边，不乏长有羽毛的恐龙，像中华龙鸟、小盗龙，可是没有谁像它们一样个头这么大。它们这两个"巨怪"，当然不可能凭借羽毛飞上天空，这些羽毛是为了抵挡马上就要到来的严寒天气。

羽王龙来自暴龙家族，占据着当地食物链的顶端。虽然穿着毛茸茸的"外衣"，可它们的样貌看上去依旧凶猛无比，它们锋利的牙齿和爪子总是让身边的动物们不寒而栗。

小盗龙

1.25 亿年前，今天的中国辽宁

　　一只雌性小盗龙和一只雄性小盗龙结伴从树干上向下滑翔，它们舒展开两对翅膀，像树叶般飘然而下。

　　小盗龙来自驰龙科家族，是一种小型的掠食性恐龙。它们不仅像鸟类一样长有适合飞行的飞羽，还拥有两对翅膀，这使得它们成为最早飞上天空的恐龙之一。虽然它们的飞行能力还处在滑翔阶段，可毕竟它们已经成功地将恐龙的领地从陆地扩展至天空。

热河生物群

1.25 亿年前，今天的中国辽宁

森林郁郁葱葱，粗大的柳杉、落羽杉高耸入云。地球上第一批有花植物辽宁古果和中华古果萌生在辽西大地上，在水塘边摇曳着一株株小花。树梢上，华美的孔子鸟和辽宁鸟正在筑巢育子。矮小的灌木丛中，一只中华龙鸟正在追捕一只耗子般大的张和兽。几只长着羽毛的尾羽龙正在湖边的开阔地上，抖动着美丽的羽毛向异性求爱。远处，一只中国鸟龙正奔跑着，摇动着前肢，想跳起来抓一只孔子鸟。湖里成群结队的狼鳍鱼、北票鲟享受着自由自在的生活。一只黑山沟衍蜓静悄悄地立在一枝枯枝上，注视着那笨拙的满洲龟爬上岸晒太阳。三燕丽蟾弓着背、蹬着腿等着猎物上门。森林的尽头，一只巨大的东北巨龙从嘈杂中走过，独自向家的方向走去……

这是白垩纪早期，恐龙家族进入了发展的黄金时期。

北票龙

1.25 亿年前，今天的中国辽宁

一只在树林间疾驰的北票龙听到一些窸窸窣窣的声音从身后传来，它停下脚步，谨慎地回头张望。

北票龙属于镰刀龙家族，这个家族是兽脚类恐龙中比较奇特的一支，以前肢上巨大的像镰刀一样的爪子而闻名。虽然有这样优秀的武器，可是它们不喜欢捕猎，也不喜欢吃肉，所以渐渐变成了植食或者杂食性动物，那个镰刀状的爪子也自然而然地成了够取植物的工具。

切齿龙

1.25 亿年前，今天的中国辽宁

一只切齿龙正要快速穿过树林，到湖边去喝水。

切齿龙是最原始的窃蛋龙类恐龙，和晚期的窃蛋龙相比，它们的头顶上还没有长出特别的骨质头冠，它们的嘴巴虽然也是尖尖的喙状嘴，可前颌骨上还有牙齿。因为窃蛋龙类恐龙和鸟类的关系很近，所以它们的身上自然也都覆盖着羽毛，只是它们并不具备飞行能力。

热河龙

1.25 亿年前，今天的中国辽宁

　　已经有很长一段时间了，空气中飘荡着刺鼻的气味，不用说，那全都拜火山所赐。前不久还只是几座火山在喷发，可最近，火山像被施了魔法，一座接着一座地从睡梦中醒来。炙热的岩浆疯狂地从地下喷涌而出，好像要将森林里的一切全都吞噬。

　　热河龙本以为自己生活的地方很安全，毕竟它离那些火山还有些距离。可是就在刚刚，那巨大的轰隆声又响了起来，这次好像就在它耳朵边，看来得抓紧时间离开这个地方了。

　　体形娇小的热河龙感知到了危险，可并没有逃出去。这场巨大的火山喷发带来的火山灰，将覆盖周围 50 平方千米的土地，而可怜的热河龙跑不了多远，就会被火山灰无情地掩埋。

长羽盗龙

1.25 亿年前，今天的中国辽宁

气候出奇地好，树木放肆地生长着，满眼碧绿，就连高高在上的天空也被映成了绿色。一只长羽盗龙振振翅膀，便飞上了天。它蓝黑色的羽毛在阳光下闪着亮光，尤其是那条长尾巴上的尾羽长达 0.3 米，更是支棱着要与饱满的枝条争奇斗艳。

长羽盗龙，和小盗龙一样同属虚骨龙家族的驰龙科，同样长有两对翅膀，但是它体形更大，是目前发现的最大的四翼恐龙，拥有带羽恐龙中最长的尾羽，飞行能力比小盗龙更胜一筹。

尾羽龙

1.24 亿年前，今天的中国辽宁

　　阳光下，一只尾羽龙卖力地展示着自己华丽的羽毛。

　　尾羽龙体形很小，全身都被羽毛覆盖着，特别是尾巴末端，还有漂亮的尾羽，看起来就像一只鸟。可是它并不能像鸟一样飞上天空，因为它的羽毛太短了，而且羽轴两边的羽毛是对称的，完全不是飞行用的羽毛。所以，它的羽毛大多数时候只能发挥吸引异性的作用，就像现在这样。

中华丽羽龙

1.24 亿年前，今天的中国辽宁

一只中华丽羽龙安静地站在水边，它身上覆盖着漂亮的羽毛，从脑袋顶一直到尾巴尖，似乎哪个角落都不放过。

中华丽羽龙是美颌龙家族中体形最大的成员，体长有 2.37 米。它长有 L 型的、边缘生有锯齿的牙齿，前肢和后肢都有可怕的爪子。它生性凶残，完全不像外表看起来那样温柔优雅，可以一口咬断驰龙科恐龙的腿，然后将它整个吞下去。

锦州龙

1.22 亿年前，今天的中国辽宁

并不是所有的恐龙都喜欢战斗，有这样一群性情温顺的家伙，它们厌烦了无休止地打打杀杀，决心过一种可以自由歌唱的生活，它们就是鸭嘴龙形类恐龙。

这是它们家族中最早的成员之一，生活在 1.22 亿年前，今天的中国辽宁的锦州龙。

你只要瞧瞧它乐天派的性格，温顺的眼神，没有任何攻击力的嘴巴，还有一副"我什么都不想管"的表情就知道，它和它的同伴们的确适合田园般的悠闲生活。

中国鸟龙

1.22 亿年前，今天的中国辽宁

生活总会有滑出轨道的时候，即使恨不得隐居在山林中的锦州龙，也总有一些事情将它重新拉回现实生活里。这次，它要面对的恐怕是生命中最大的考验。

一只 3 米长的幼年锦州龙遭到了三只身长 0.7 米的中国鸟龙的袭击。

锦州龙想要逃跑，可是它笨重的身体根本提供不了那么快的速度。于是，还没跑出多远，它就被三只中国鸟龙追上了，它们毫不犹豫地将锋利的牙齿以及后肢上镰刀状的弯爪深深地刺入了它的皮肤。到处都是喷涌而出的鲜血，锦州龙痛苦地号叫起来。

华夏颌龙

1.22 亿年前，今天的中国辽宁

  一只华夏颌龙沿着一条陡峭的小径向山上走去，它可不是闲来无事上山欣赏风景，而是在寻找猎物。

  这荒山野岭怎么会有猎物呢？大部分猎手都和你想的一样，所以它们从不到这座山上来，于是这里便成了很多植食恐龙的安全岛。聪明的华夏颌龙很早就发现了这个秘密，所以才常常大费周折地爬到山上去捕猎。

  华夏颌龙属于大型的美颌龙科恐龙，有一双大大的眼睛，视力极好，总是能迅速发现猎物。它的身体轻盈，行动敏捷，有一条很长的尾巴，能在它高速奔跑时帮助身体保持平衡。为了提高捕猎的成功率，华夏颌龙常常成群结队地一起去寻找猎物。

义县龙

1.22 亿年前，今天的中国辽宁

作为树息龙的近亲，义县龙也像树息龙一样长着特别适合抓握树枝的爪子，所以它最喜欢生活在树上，而生活中最美好的记忆也全都印刻在了树上。

现在，义县龙想找一棵高大的树，就像平时那样爬上去吃饭睡觉，可是它怎么也找不到。就在昨天，义县龙还在抱怨高耸入云的树木挡住了它的视线，但是一夜间，整个世界就都变成了一片昏黄。

这一夜变化的不只是树木，还有义县龙的生活。就在昨天晚上，在那场毫无防备的与大自然的战斗中，它的孩子死去了，它只能孤零零地在这荒凉中生活了。

中国猎龙

1.22 亿年前，今天的中国辽宁

　　中国猎龙是一种体形娇小的带羽恐龙，身长大约只有 1 米。在早白垩世今天的中国辽宁，有太多恐龙长有绚丽的羽毛。所以乍看上去，它们根本没什么特别之处。

　　不过，如果仔细观察，就会发现，其实它们有很多独特的地方。比如它们的后肢特别长，这让它们的身高特别高，就算是前肢完全垂下来，也只有它们身高的三分之一。它们的前肢像很多带羽恐龙一样覆盖着羽毛，但不同的是，它们已经可以像鸟一样向侧面打开了。而且，它们被羽毛覆盖的脑袋不仅外形很像鸟类，就连智商也很像，是一种非常聪明的恐龙。

洛阳龙

1.2 亿年前，今天的中国河南

在铺满落叶的大地上，有一只漂亮得像鸟一样的恐龙，它全身都被羽毛包裹，正抬起修长的双腿，优雅地走着。

忽然，它在地上发现了一只有趣的虫子。它停下脚步，张开前肢，轻轻地向虫子走了过去。可是，这样的动静还是太大了，它的前肢微微扇动着，惊扰了地上的落叶和那只有趣的虫子。

虫子不见了，可这只优雅的恐龙并不生气，继续赶自己的路，毕竟那小虫子不过是它路途中偶遇的一个玩偶罢了。

这只恐龙叫洛阳龙，是窃蛋龙家族的"小美人"。

暹罗暴龙

1.2 亿年前，今天的泰国

　　白垩纪当然不只是小型肉食恐龙的天下，一只张着血盆大口的暹罗暴龙挥舞着利爪，正在向猎物和敌人显示自己不可亵渎的权威。

　　和那些身体娇小、行动灵活的驰龙类恐龙相比，暹罗暴龙的优势显然在于它的体形。它身长大约 7 米，喜欢在丛林中闯荡。它笃定的眼神常常会暴露自己的野心，梦想着征服远方。

云梦龙

1.2 亿年前，今天的中国河南

天气是如此明媚，温暖的阳光将一切都染成了金色。金色的云，金色的山，金色的树木，金色的大地，还有金色的云梦龙。

云梦龙的心情就像这天气一般，充满着收获的喜悦，而最能感受这份喜悦的就是它饱胀的肚子。

已经很长一段时间了，茂盛的树木源源不断地满足着它那硕大的胃口，有时候它甚至会被太丰盛的食物撑得连走路都有些困难。

1.2 亿年前，今天的中国河南，是硕大的蜥脚类恐龙云梦龙生活的天堂。

辽宁龙

1.2 亿年前，今天的中国辽宁

　　黄昏的阳光总是带着些许神秘的味道，能把天空染成从未见过的颜色，也能在湖水中洒入诡异的光泽。每逢黄昏来临，世界就好像被重新洗刷了一遍，碧绿色的叶子瞬间变成橙色，云朵也像刚从五彩的染缸中飘出来。世界变得不再是我们认识的模样，就像这两只辽宁龙，谁能想到腹部长有鳞甲、喜欢畅游在水中抓鱼的它们，居然属于我们熟悉的甲龙家族。

　　几乎浑身披覆装甲的甲龙类恐龙，唯独肚子上空空如也，成为肉食恐龙最爱攻击的地方。不过，特别的辽宁龙完全不用担心自己的肚子，因为它们的肚子上也有甲板保护。这样一来，辽宁龙不仅不怕敌人攻击，还能像乌龟一样在水中畅游。谁能想到个子小小的它们，居然把甲龙家族的活动地点从陆地扩展到了河流。

汝阳龙

1.2 亿年前，今天的中国河南

太阳透过云层烤着干涸的大地，体长大约 38 米的汝阳龙正慢慢地靠近一个清澈的小湖，它的脑袋虽然不得不忍受着烈日的炙烤，可尾巴已经感受到了阵阵凉意。一道闪电劈开了它尾巴上方的乌云，一场急雨即将到来。

1.2 亿年前，生活在今天的中国河南的汝阳龙是世界上最大的恐龙，因为体形巨大，常常会遭遇头尾两重天的景象。

天气有些闷热，汝阳龙这才想到湖边呼吸一点空气中的水汽。可是它的出现，让那些正在湖边孵蛋的窃蛋龙惊慌不已。虽然汝阳龙性情温顺，喜欢吃鲜嫩多汁的树叶，但是它真的太大了，一只脚就能把一窝窃蛋龙的蛋宝宝踩成碎片，所以窃蛋龙妈妈们不得不提高警惕，一边用它们的身子牢牢地护着孩子们，一边不断地发出叫声，提醒汝阳龙不要进入它们的领地。

中国暴龙

1.2 亿年前，今天的中国辽宁

一只中国暴龙从森林外的水潭边疾驰而过，比起早期身形娇小的暴龙类，它身长大约 10 米多，显得格外威猛。它欲望满满的尖牙上挂着得意扬扬的口水，毫无畏惧的怒吼几乎穿透喉咙喷涌而出。

猎物就在它眼前慌乱地逃窜，它甚至没有加速，依旧保持着原有的节奏。它知道那个可怜的家伙不久就会成为它的美食，没必要为了一次轻松的追捕失掉自己王者的风范。

鱼猎龙

1.16 亿年前，今天的老挝

　　一只鱼猎龙正在水里捕鱼。它的背上长有背帆，就像棘龙一样。但奇特的是，这个背帆在中段凹陷下去，断成了前后两块，与棘龙以及其他亲戚的都不一样。

　　鱼猎龙出生于棘龙家族，这个家族的成员是一群非常特别的大型肉食恐龙，拥有像鳄鱼一样的脑袋，圆锥状的牙齿，牙齿边缘没有锯齿或者只有非常小的锯齿。其他的肉食恐龙都拼尽全力要捕捉大猎物，好一次能让自己吃上几天，可它们只喜欢吃鱼。

　　棘龙家族出现于晚侏罗世，到早白垩世时已经非常繁盛。

恐爪龙

1.15 亿年前，今天的美国

　　"呜——"，一群腱龙从 1.15 亿年前今天的美国蒙大拿州的平原上穿过，低沉的叫声在空中回荡着。

　　它们高调的动作引起了一群正在休息的恐爪龙的注意，恐爪龙兴奋起来。腱龙是恐爪龙最喜欢吃的食物之一，这么一群足够让整个族群都饱餐一顿。

　　恐爪龙群立即进入备战状态，它们形成自己的阵营，准备好后肢上彰显驰龙家族威力的镰刀状弯爪，开始攻击。它们不停地变换着更加适合攻击的队形，速度之快着实让人惊叹！

敏迷龙

1.15 亿年前，今天的澳大利亚

一只敏迷龙游走在平原之上，四处寻找着低矮的蕨类。虽然天气不错，雨水也不错，可那些该死的蕨类却不知道都藏到哪里去了。敏迷龙一边低头寻找，一边咒骂着。

请别责怪它的粗鲁，要知道谁在饥肠辘辘的情况下长途跋涉这么长时间，心情都不会好。

好在敏迷龙已经完全发挥出了甲龙家族的优势，一排排甲片和骨刺很好地将敏迷龙从头到尾包裹起来，这些装备会让那些凶猛的肉食恐龙不敢轻易靠近它。所以，在寻找食物的路上，它暂时不会遇到什么危险。

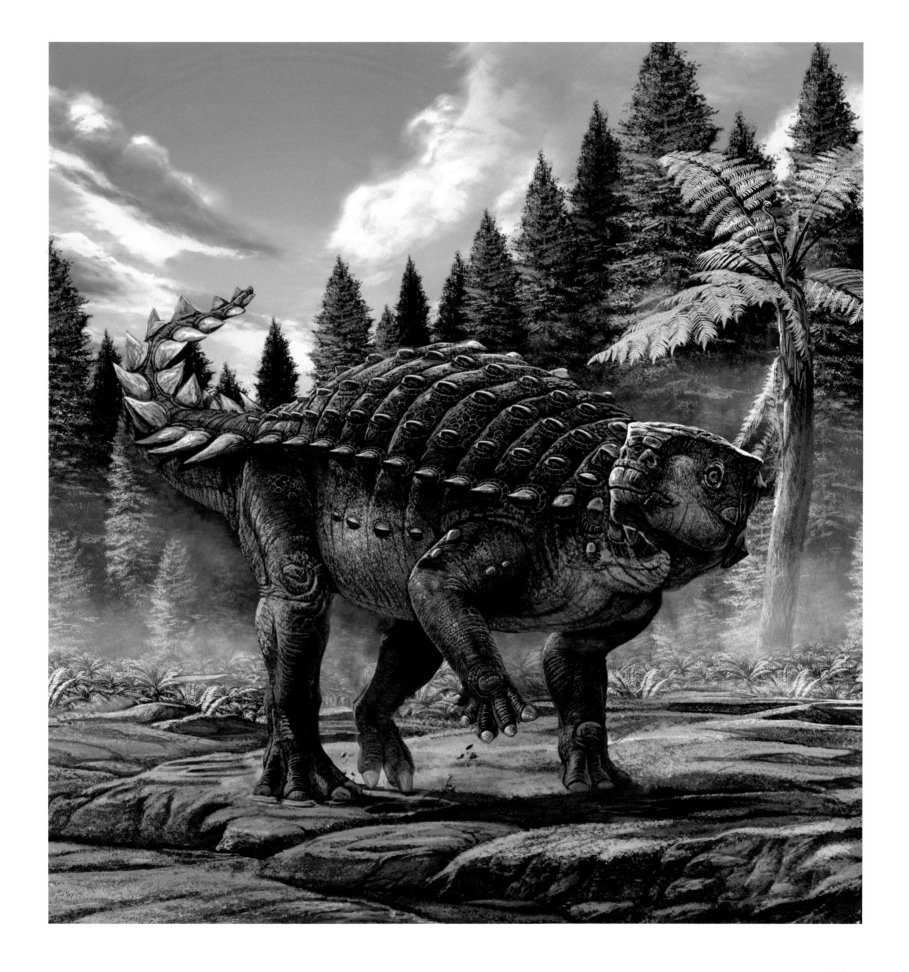

丽阿琳龙

1.1 亿年前，今天的澳大利亚

进入白垩纪以后，尽管地球上大多数地方还都常年温润，但是一些地方已经迎来了飘雪的冬天。

1.1 亿年前，今天的澳大利亚，大雪纷飞，将近 6 个月的极夜即将来临，大型的穆塔布拉龙开始动身向北迁徙。

一群体形较小的丽阿琳龙没有那么大的能量支撑长途跋涉，只好选择冬眠来度过寒冬。不过，在呼呼大睡之前，它们必须采集到足够多的食物才行。

丽阿琳龙冒着风雪四处寻找耐寒的植物，没想到一只 3 米长的暴龙类恐龙从一片积雪中杀出，打破了它们的美梦。

豪勇龙

1.1 亿年前，今天的尼日尔

　　即便是在亿万年前，世道也复杂得超出我们的想象，想要安静地做一名田园诗人并不容易，所以豪勇龙为自己准备了一身装备，以便在被迫行走江湖时，作为防身之用。

　　1.1 亿年前，在今天的非洲尼日尔，一只豪勇龙顶着厚重的"帆"，行走在太阳下。它属于不喜欢争斗的禽龙家族，可是有时候身不由己，也会卷入尘世中。它背上的帆状物看起来与棘龙的有些相像，可仔细看去，又会发现棘龙的帆状物是从背部开始越来越薄，而豪勇龙的则是越来越厚。没有棘龙的体形和力量，为了让自己看上去威武凶猛，不至于那么容易就惹来杀身之祸，它只好用厚重的帆来为自己壮胆。

棘龙

1亿年前，今天的埃及

　　一只棘龙从水流中蹚过，虽然它的动作很轻，但还是引起了不小的骚动。

　　它的样子的确太奇怪了，背上高高耸立的"帆"就像是一座移动的色彩艳丽的大山，在水面上投下了巨大的影子。还有它恐怖的名声，在这里生活的居民都知道。虽然它的口味很独特，不怎么喜欢吃大块的肉，只喜欢吃些清淡的鱼，可是谁都不想亲自到它的嘴巴里验证真伪。

　　于是，虽然这个大个子只是想在这个早晨感受一下水流带来的清凉，周围的居民还是像灾难来临一样，早早地躲了起来。

　　生活在1亿年前的棘龙，是棘龙家族的明星，也是世界上最大的肉食恐龙之一，它们的体长达到了15米，就连背部的帆状物也高达2米，非常壮观。它们的四肢较短，脚上长有蹼，大部分时间都生活在水中，是真正的半水生恐龙。

双庙龙

1 亿年前，今天的中国辽宁

一只孤独的双庙龙在黑暗中绝望地望向远方。它刚刚经历了一场激烈的战斗，虽然已经拼尽了全力，可最终还是没能将孩子从羽王龙的利爪之下救出，只能眼睁睁地看着孩子离去。

这个寂静的夜，所有的动物都和家人一起进入了甜美的梦乡，而它，却找不到生存下去的理由。

南方巨兽龙

9300 万年前，今天的阿根廷

　　一只正在奔跑的猎物引起了南方巨兽龙的注意，它张开血盆大口，贪婪的口水四处飞溅。猎物非常狡猾，想要躲在树丛中，不过对南方巨兽龙来说，这些招数没有任何用处，因为它的眼睛太敏锐了。

　　白垩纪是恐龙发展的顶峰时期，无论是植食恐龙还是肉食恐龙，都竭尽所能创造出敌人无法企及的武器。南方巨兽龙选择了向更大的方向发展。它们体长约 12 米，高约 5 米，体重6～8 吨，这样的体形，恐怕没有哪个敌人能与之抗衡。

　　南方巨兽龙属于鲨齿龙科，这个家族出现了许多大型的肉食恐龙，其中一些在体形上几乎超越了著名的暴龙。在白垩纪的早期到中期，它们与棘龙家族一起统治着南方大陆。

半鸟

9000 万年前，今天的阿根廷

天气非常闷热，滚烫的空气卷着湖边的水汽向半鸟袭来，它漂亮的羽毛贴在纤瘦的身体上。

半鸟顾不上身体的不适感，它更在乎这可恶的天气影响了它的美貌。驰龙家族最漂亮的就是身上的羽毛，它怎么能允许自己的羽毛看上去软趴趴的没有精神呢？它抖了抖身体，回过头用嘴巴梳理着羽毛。它真希望这时候空中能飘来一阵凉风将燥热吹散。

浙江东阳白垩纪恐龙动物群

8500万年前，今天的中国浙江

今天的中国浙江在8500万年前养育了大批植食恐龙，每到繁殖季节，高5米、长15米的蜥脚类恐龙东阳龙便会来到河边土质松软的地方寻找合适的产卵场所。浑身布满装甲的浙江龙赶紧闪避，为这些大个头的东阳龙让路。而早已在此安营扎寨的鸭嘴龙家族的小夫妻也不得不轮流照看着窝中的蛋，以防不测。毕竟它们每一个家庭繁衍的成功与否，都会影响整个物种的延续，责任重大。

伶盗龙

8300 万年前，今天的蒙古国

当夜晚降临，世界都安静下来的时候，一只伶盗龙独自站在岸边的礁石上。

这只伶盗龙是蒙古高原上最完美的猎手，拥有超越众多恐龙的智慧、立体的视觉、优秀的听觉、敏锐的嗅觉，以及强大的攻击武器，它最喜欢做的事情是不断地征服。

原角龙

8300 万年前，今天的蒙古国

天气炎热过了头，每个家伙都懒洋洋的，可是有一只原角龙却在勤奋地觅食。因为短小的四肢没法给自己提供理想的行进速度，它只得在炽烈的阳光下不停地缓慢挪动着，希望用自己的努力换来些新鲜的植物。可是事与愿违，它竟然被一只同样勤劳的伶盗龙盯上了。生活有的时候就是这么残酷，总有比你更优秀的家伙比你还努力。

于是，毫无悬念，伶盗龙用尖牙利齿制服了原角龙。战斗很快就结束了，只有地面上被扬起来的沙土还在向大家证明着伶盗龙无与伦比的战斗力。

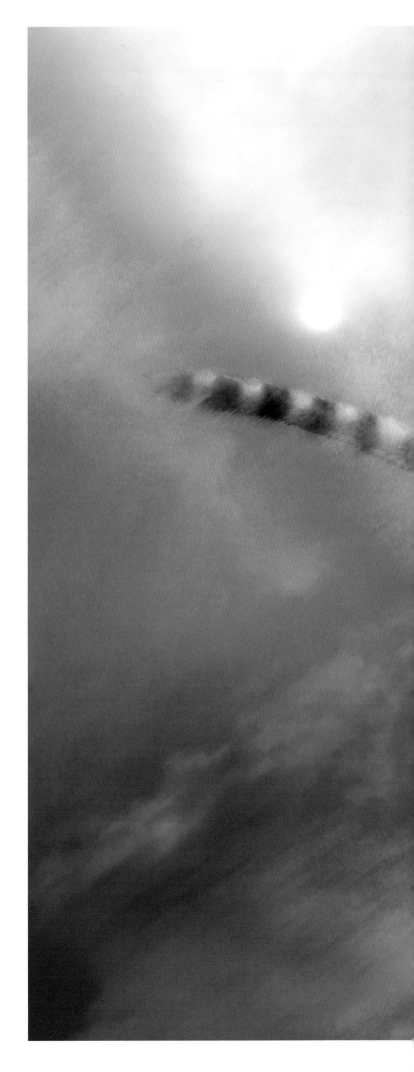

恶魔角龙

8200 万年前，今天的美国

角龙类恐龙锋利的角不仅仅是战斗武器，有时候还会带来一些意想不到的效果。

生活在 8200 万年前的恶魔角龙绝对是恐龙界的"时尚达人"。

在恶魔角龙的面部长着大大小小 20 多只角，其中有 4 只还非常长，格外显眼。这些特别的角再加上它头盾上艳丽的花纹和颜色，绝对代表着时尚的方向。可惜，它并不关心什么时尚，对它来说，这些装饰更实在的意义，是能否吸引来喜欢的异性。

西峡鸭嘴龙类恐龙

8000 万年前，今天的中国河南

在产卵这件严肃而重大的事情上，即使是庞然大物也会表现得极其小心谨慎。

每到产卵时节，生活在今天中国河南西峡一带的鸭嘴龙类恐龙便会成群结队来到宽阔向阳的河滩生儿育女，这是恐龙的祖辈世世代代选定的地方。

那时候，这块河滩上还生活着鳄鱼、乌龟、古鸟等生物，气候和现在的海南很接近。这块产卵的宝地阳光充足，光照时间长，并且地面相对平坦。

当恐龙下蛋时，它们会先用爪子在地表隆起一小堆圆形的土，以此为中心，做圆周运动。恐龙产蛋一圈，就在蛋上盖上一层树叶，然后再在外面以同样方式下蛋，直至下完为止。这种特殊的下蛋方式，能够提高恐龙蛋的存活率。

青岛龙

8000 万年前，今天的中国山东

　　一只青岛龙正在悠闲地漫步，它头顶上奇异的头冠随着身体的韵律有节奏地运动着。看看它鸭子一般的嘴巴，你就知道它是鸭嘴龙家族的一员。

　　地下的蕨类植物依旧茂盛，远处高大的银杏、松柏记录着历史走过的印迹。青岛龙闻着空气中的花香，朝着森林边上的湖水走去。

　　此时，距离恐龙诞生已经过去了将近 1.5 亿年，恐龙家族的族群类型达到了顶峰，它们占据着不同的生态位，各自在自己的生态位上恪尽职守。

甘肃鸭嘴龙类恐龙

8000 万年前，今天的中国甘肃

8000 万年前，在今天的中国甘肃，一群鸭嘴龙类恐龙在清晨享受着清澈的河水。它们一字排开，井然有序，大鸭嘴龙让小鸭嘴龙站在中间，以便能够及时保护它们。

这是鸭嘴龙最为普通的活动场景，它们极少单独行动，无论是觅食、饮水、沐浴、嬉戏，还是休息！

或许，对于这些只有庞大的身体，却没有任何防御装置的鸭嘴龙类来说，群居是它们最好的生存方式。它们以这样的方式繁衍生息，凭借极大的数量和极广泛的分布成为中生代最成功的物种之一。

食肉牛龙

7500 万年前，今天的阿根廷

夜幕降临，一只在河边喝水的毫无防备的植食恐龙引起了食肉牛龙的注意。这只植食恐龙难得独自出行，真是一个攻击的好时机。体长 9 米、臀高 3 米、重约 1.5 吨的食肉牛龙绷紧全身的肌肉，张开血盆大口，为自己的出征打气。

接下来，将是一幅难以想象的场景，食肉牛龙将以极快的速度冲向猎物，然后用锋利的牙齿迅速将猎物固定住，它的奔跑速度在大型肉食恐龙中是数一数二的。

食肉牛龙是角鼻龙家族中非常著名的成员，到了晚白垩世，它所在的阿贝力龙科取代了鲨齿龙科，成功地占据了南方大陆食物链顶端的位置。

后凹尾龙

7500 万年前，今天的蒙古国

在肉食恐龙与植食恐龙展开激烈竞争的同时，植物同样在不断地演化，它们繁衍出众多新的物种以应对危机。

很多植食恐龙因为不能适应食物的变化而走向了灭亡，就像这只倒在地上的后凹尾龙，它在无意中进食了一种新的被子植物后，中毒身亡。

不同于以往在战斗中的死亡，这次事件更像是一个可怕的征兆，它警示着在恐龙或者其他动物之外，同样存在着更加致命的危险。在此之后，死亡加快了脚步，向这群正处于辉煌时期的族群走来。遗憾的是，它们正身处高位，似乎并没有觉察到这一点，而是理所当然地把它看成了一次偶然事件。

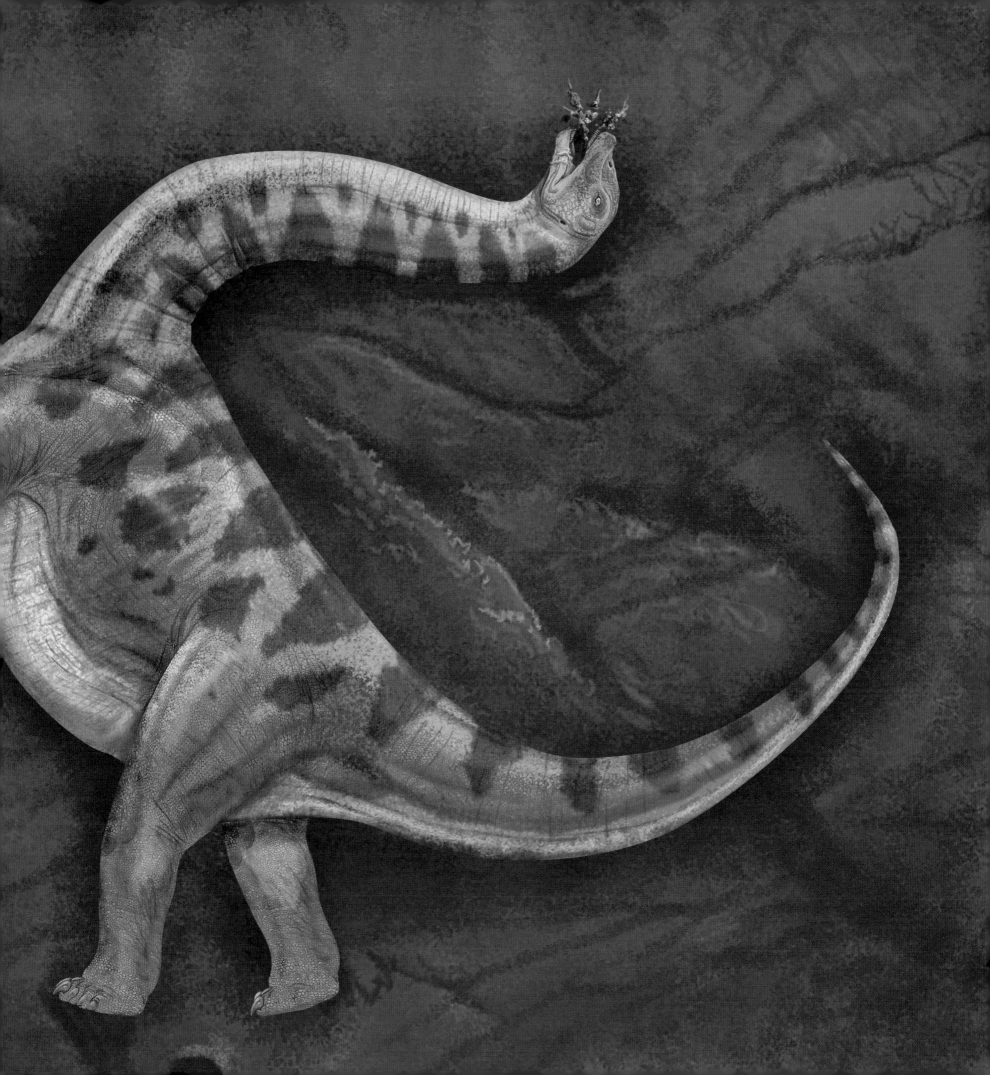

尖角龙

7500 万年前，今天的加拿大

一只尖角龙从黑暗中走了出来，鼻子上的尖角异常醒目。

尖角龙的角带着非常明显的性格特征，不同个体的尖角完全不一样，有些向前弯，有些向后弯，有些则呈曲线形向上生长。

角龙家族在晚白垩世加快了发展的步伐，在短时间内涌现出了一大批成员。它们不仅种类繁多，数量也十分惊人，这群喜欢群居的恐龙正在按照自己的方式和节奏向植食恐龙家族的王位迈进。

窃蛋龙

7500 万年前，今天的蒙古国

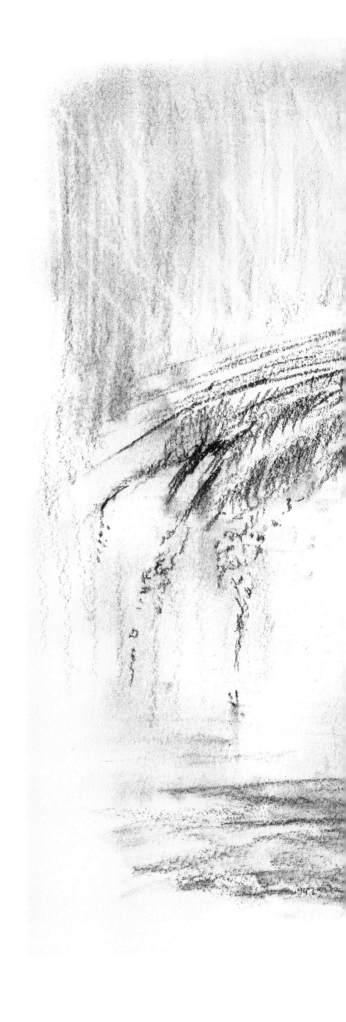

正在地上玩耍的小窃蛋龙们被雨点打湿了，美丽的毛发耷拉下来。窃蛋龙妈妈张开巨大的前肢做孩子们的大雨伞。

小窃蛋龙们钻到了妈妈的前肢下，这下雨水一点都不会落到它们身上了，小窃蛋龙们又玩耍起来。

这是 7500 万年前，在今天的蒙古国上演的温馨一幕。

印度鳄龙

7000 万年前，今天的印度

一只印度鳄龙端坐在地上晒着太阳，这是它最喜欢的娱乐方式。放松，什么都不想，没有猎物来吊胃口，也没有敌人来扰乱这份清静。

印度鳄龙与食肉牛龙同属一个家族，但相比食肉牛龙的残暴，这只身长 6 米的印度鳄龙似乎要温柔得多。

恐手龙

7000 万年前，今天的蒙古国

　　一只长相怪异的恐龙独自在一片开阔地中行走。它有一对恐怖的手臂，长达 2.4 米，手臂前端还长有长而锋利的爪子；它体形硕大，体长约有 10 米，但长有羽毛，背上还生有像棘龙或豪勇龙一样的帆状物。

　　没有谁愿意与它结伴，空荡荡的开阔地中，只有它孤单的身影。可它并不在乎这些，它飞一般的速度，以及锋利而灵活的爪子，让它蔑视一切。

　　它是恐手龙，似鸟龙家族中体形最大的一员，喜欢吃植物和小鱼。

中国角龙

7000 万年前，今天的中国山东

　　植食恐龙总是想尽一切办法来抵御肉食恐龙的袭击，在一代又一代的进化中，它们的身体正发生着巨大的变化。

　　这是一只中国角龙，它是身强力壮的植食恐龙，这一点，从它接近 7 米长的身体就能看得出来。

　　不过，身体的强壮并不能完美地为它阻挡敌人的进攻，它对自己最为满意的地方是头上那些可怕的尖角。在它的鼻子上，长着一只硕大的尖角。它的脑袋后面还长有一块巨大的颈盾，上面布满了甲片和骨块，而且沿着颈盾边缘向外伸出了13 只尖刺。

　　中国角龙的角和刺让许多同时代的肉食恐龙无法把它变成美食，因为它们在面对中国角龙时，几乎无从下手。

　　角龙家族虽然起源于亚洲，但是在亚洲发现的面孔都比较原始、娇小可爱，较为先进的大型角龙几乎都生活在北美洲。可中国角龙却是个例外，它是目前发现的唯一一种生活在亚洲的大型角龙类恐龙。

肿头龙

7000 万年前，今天的美国

　　在恐龙界，并不以美貌取胜，强大才是划分等级的唯一标准。

　　肿头龙的长相相当奇特，它的脑袋和面颊上都布满了密集的骨质小瘤和小棘，凹凸不平。它眼睛后部的头顶处，还长有一个圆形的骨质隆起，这个隆起厚达 0.25 米，非常坚固，在这个隆起周围同样围绕着瘤刺和棘状刺。乍看上去，它就像是欧洲中世纪神话传说中头上长满尖刺的恶龙。

　　肿头龙依靠独特的脑袋、敏锐的视觉、能够听到轻微声音的听觉，面对一切困难，成为 7000 万年前今天的北美洲地区最为特别的植食恐龙。而它这样的气质，早在祖先费尔干纳头龙那里就形成了。

玛君龙

7000 万年前，今天的马达加斯加

在晚白垩世统治南方的阿贝力龙科家族，出现了许多凶猛甚至残暴的角色，这只玛君龙便是如此，它可以在饥饿的时候残忍地吞噬自己的孩子，以保全性命。

在激烈的生存中，饥饿往往是恐龙面对的最大敌人，它远比异族的攻击更可怕。它们世世代代都在为了战胜饥饿而努力，甚至残忍到同类相食。这或许是很多肉食恐龙最常见的生存法则，但这样的画面依然令人难以接受。

豫龙

7000 万年前，今天的中国河南

　　两只豫龙正在欢快地奔跑。它们的样子一点儿都不像威风凛凛的恐龙，倒像两只毛茸茸的、长着鹦鹉嘴的小鸡。

　　从它们喙状的嘴、奇特的头冠就可以看得出，豫龙是窃蛋龙家族的成员，而且还是家族中体形最小的，难怪会那么可爱！

秋扒龙

7000 万年前，今天的中国河南

秋扒龙是豫龙的邻居，同样生活在 7000 万年前今天的中国河南。

秋扒龙有着艳丽的羽毛和一条长长的、漂亮的尾巴，它骄傲地昂着头，正在地上练习跳跃和奔跑。

秋扒龙属于似鸟龙家族，它是奔跑速度最快的恐龙之一，但即便这样，它仍然坚持每天练习，以便让自己跑得更快、跳得更高。

西峡龙

7000 万年前，今天的中国河南

一只西峡龙早早地起床准备去觅食。清晨的露水娇滴滴地挂满叶子，一碰就会散落在身上，就算小心翼翼地避开它们，空气中浓重的湿气还是会将羽毛打湿。

西峡龙一边跑，一边抖着身子，希望把露水甩掉。它张着大大的眼睛四处张望，不放过任何蛛丝马迹。

西峡龙是伤齿龙科恐龙，同样也生活在 7000 万年前今天的中国河南。

山东诸城白垩纪王氏动物群

7000 万年前，今天的中国山东

2.34 亿年前诞生的恐龙家族经过了亿万年的发展，在白垩纪晚期达到了巅峰状态，无论是植食恐龙还是肉食恐龙，都处于一个无法超越的阶段。

7000 万年前，生活在中国山东的山东龙体长达到了 15 米，挑战着鸭嘴龙家族的极限；华丽的中国角龙代表着先进的角龙类家族正在向亚洲扩展；肉食恐龙进化出了凶猛的诸城暴龙，它们锋利的牙齿和爪子可以轻松吃掉那些巨大的山东龙。

恐龙家族迎来了属于自己的盛世，它们以为可以像这样一直继续下去，从未发现死亡原来离它们那么近。

艾伯塔龙

6900 万年前，今天的加拿大

著名的暴龙家族在白垩纪晚期涌现出了众多顶级掠食者，比霸王龙略早出现的艾伯塔龙，就是其中之一。

艾伯塔龙和霸王龙看起来非常相像，也拥有粗壮的身体、又宽又高的脑袋、强壮而锋利的牙齿、修长的后肢以及健壮的尾巴。唯一不同的是，艾伯塔龙的体形明显要小一圈，体长大约只有 7 米。但这并不妨碍它成为当地的王者。

瞧瞧它张开血盆大口，倾斜着身体扑向无鼻角龙的恐怖画面吧，纵使无鼻角龙有长而锋利的角，也无法阻挡来自艾伯塔龙的攻击。艾伯塔龙从身后袭击了猎物，尖利的圆锥状的牙齿狠狠地咬住了无鼻角龙的头盾。空中传来痛苦的嘶吼，这场战斗的胜负已然无法改变了！

虔州龙

6600 万年前，今天的中国江西

　　诸城暴龙的样子看上去和随后出现在今天北美洲的暴龙相差无几，但是生活在 6600 万年前今天的中国江西的另一位暴龙成员——虔州龙，却有着截然不同的样貌。这充分说明，晚白垩世的暴龙家族并不单调，它们在数量、种类和分布上都精彩纷呈。

　　虔州龙生活在丛林中，到处都有繁茂的大树遮挡，这让它们在捕食时更加隐蔽。不过，即便没有茂密的枝叶，虔州龙也不会轻易被猎物察觉，与诸城暴龙短宽的面庞不同，它们的脑袋非常修长，身体灵活，这极有利于它们隐藏自己。

　　于是，也才有了这一幕：一只可怜的窃蛋龙类恐龙南康龙与自己的同伴走散了，本想尽快找到同伴离开这里，但还是遇到了危险。伪装极好的虔州龙不知道什么时候出现在它身后，等它发现时，已经没有任何机会逃跑了。

南康龙

6600 万年前，今天的中国江西

三只南康龙结伴去一片森林里寻找美食。

这里离三个小不点儿的家有些远，它们以前从没来过，为了壮胆，便结伴出行。这片森林可真是植被繁茂，它们像是走进了食物王国，完全被吸引了。三个家伙顾不上别的，全都迫不及待地往嘴巴里塞着各种美食。

很快，它们的肚子就胀起来，可这时候，它们才发现自己已经跟朋友走散了。眼看着天就要黑了，南康龙们焦急地呼唤着同伴的名字，它们知道这里住着可怕的虔州龙，一不留神就会变成它的食物。

有两只南康龙很快找到了彼此，它们准备去找另外一个同伴，可就在这时，一声惨叫从不远处传来。它们紧张地瞪大了眼睛，那声音分明来自自己的朋友。

包头龙

6600 万年前，今天的美国

在恐龙生存的最后时期，植食恐龙和肉食恐龙家族的霸主相继登场。或许是觉得自己已经错过了太多，它们几乎没有经过任何过渡，一出场便震惊四座。我们先来介绍第一位——甲龙类的包头龙。

包头龙体长大约 7 米，它们的头部和身体上布满了鳞甲，甚至有骨质眼睑，背上有数列短刺，尾巴上还有一个沉重的尾锤。这些已经不再是单纯的防御工具，它们常常会用这些武器和最强悍的敌人较量。

这群生活在晚白垩世的甲龙家族成员，证明了植食恐龙也可以成为战场的主角。

三角龙

6600 万年前，今天的美国

  甲龙类恐龙虽然厉害，但尚未成为植食恐龙演化的最高峰，三角龙的出现，才将植食恐龙保护自己的武器演绎到了极致。

  三角龙不再像甲龙类恐龙那样，需要用鳞甲保护自己，它们面部有锋利的角，其中眼睛上方的额角长达 1 米，鼻子上的尖角虽然相对短小，但攻击力十足，这些角足以震慑敌人。如果有哪只掠食者还敢冒险靠近它们，它们巨大的头盾以及背上高而坚硬的棘刺，也会实施全方位的保护。

暴龙

6600 万年前，今天的美国

甲龙和三角龙的出现，自然引来了它们的天敌——中生代的终极霸主暴龙。

暴龙是有史以来最强大的陆地动物，它们锋利的牙齿能够轻易刺穿猎物的鳞甲和皮肉，直入骨髓；它们可怕的爪子可以瞬间撕开敌人的皮囊，开膛破肚；还有它们巨大而粗壮的身体，能够横扫一切对手。

它们是整个中生代名副其实的终极杀手，从来不把任何一只恐龙放在眼里！

暴龙捕食三角龙

6600 万年前，今天的美国

　　即将干涸的河边，大批的植食恐龙正在向北迁徙，这里的食物越来越少，已经不再适合它们生存了。突然，从远处的丛林中走出来的暴龙发现了一只离群的成年三角龙。看来，机会来了！暴龙加快脚步，短小而锋利的前肢与牙齿并用，轻松地解决了这个大家伙。

　　对暴龙来说，这并不算一场真正意义上的战斗，因为实在是太轻松了，甚至激不起它的兴奋。不过，盘旋在它头顶上的风神翼龙和奔走在它脚边的驰龙，都在焦急而兴奋地等待着。对于它们来说，能吃到暴君吃剩下的残羹冷炙，也是一次难得的经历。

　　暴龙低头尝了一口新鲜的食物，它惬意地享受着，并没有驱赶周围那些等待的家伙。在这些弱小的家伙面前，君主多多少少都会流露出几丝怜悯之情。

甲龙

6600 万年前，今天的美国

这几大霸主之间的较量旷日持久，战争不再是毫无悬念。

此刻，甲龙家族最大型的成员甲龙，正遭到暴龙的袭击。目前显然对暴龙更加有利，暴龙一时有些得意，在战场上走动起来。它还没意识到自己已经犯了与甲龙作战的大忌，现在站立的位置刚好在甲龙的尾部。受到惊吓的甲龙本能而剧烈地晃动起它尾巴上的尾锤，那个重 50 千克的尾锤精准地击中了暴龙的腿。暴龙还没来得及反击，便觉得头重脚轻，轰然倒地了。

暴龙的腿受伤了，这也意味着它失去了战斗的机会，它怎么也想不通，有一天它竟会在和植食恐龙的较量中败下阵来。而那只暴躁的甲龙早已不知所踪了。

灾难降临

6600 万年前

　　世界似乎依然如故，暴龙带领着肉食恐龙，甲龙和三角龙带领着植食恐龙，为了各自的利益而征战不休。它们以为终将决出胜负，打破维持了将近 1.7 亿年的格局，将恐龙世界带入新的纪元。于是，它们来不及观察，更顾不上思考，那些曾一次又一次警示它们的死亡事件，都被它们忽略了。

　　就像现在，它们依然在暗地里偷笑那些因为走错方向而被冻死的蜥脚类恐龙。它们不知道那并不是因为愚蠢，而是因为地球的磁极已经发生了位移。

　　更大的灾难即将来临。

灭绝

6600 万年前

这就像一场轮回，那四足爬行的动物当初的不屑与骄傲还历历在目，现在，执着于争斗的恐龙也走上了那条老路。

灾难就在这个时候来了，它曾经无数次地警示过众龙，可没有谁在意过。

于是，它们以为这是突然而至的。它们还在想自己是多么优秀，能经得起残酷的战斗，能适应新的环境，怎么会对付不了这场灾难！

但是，这次它们错了。

它们统治了世界将近 1.7 亿年，是世界上出现过的最为强壮的生命，但是依然无法与自然抗争。

它们的辉煌很快就会被灾难淹没。辉煌过后，甚至没有留下一点儿痕迹。

哺乳动物

6600 万年前

恐龙最终将这片土地交给那些哺乳动物。

而那些哺乳动物渐渐演化出世界新一轮的统治者——人类。

地球历史上并没有给予人类一丁点儿的特殊礼遇。

人类并没有傲慢和自大的资本。

从现代智人到现在，人类才艰难地走过了不到 20 万年的时间。

和恐龙相比，那如同近 1.7 亿年往事中的几许微尘。

孤独的三叠纪

2.5 亿年前，地球发生了诞生以来最为严重的灭绝事件，大约 96% 的物种消失，世界陷入一片荒凉。

2.34 亿年前，恐龙诞生。它们以后肢支撑身体的直立姿势奔跑于今天的南美洲阿根廷西北部，从此，开始了对地球将近 1.7 亿年的统治。

2.31 亿年前，原始的肉食恐龙艾雷拉龙降生，让恐龙家族的繁衍加速。

2.25 亿年前，农神龙出现。它们代表了恐龙家族中另外一支极重要的类群——植食恐龙的崛起，它们被叫作基干蜥脚类恐龙。

2.14 亿年前，基干蜥脚类恐龙开始扩散，为了生存，它们开始向更加庞大的方向发展。即便如此，它们也无法逃脱弱肉强食的丛林法则，刚刚诞生的植食恐龙沦为肉食恐龙的美食。

缤纷的侏罗纪

2 亿年前，地球再次遭遇大灭绝，兽孔类等物种遭遇重创，而尚处于起步阶段的恐龙生存下来，它们抓住机遇成长为真正的世界霸主。

1.9 亿年前，肉食恐龙日益兴盛，它们繁衍出更多的数量和更多的种类。芦沟龙成为肉食恐龙的代表。

1.9 亿年前，剑龙类诞生。它们的出现是植食恐龙最重要的转折，从此以后，一部分植食恐龙从被动的守卫状态转变为攻守兼顾。

1.75 亿年前，甲龙类恐龙成为防守型植食恐龙的重要补充。它们作为除剑龙类以外全身都覆盖装甲的植食恐龙，将演化成能同最为凶猛的肉食恐龙作战的顶级战将。

1.68 亿年前，兽脚类恐龙家族出现了一支奇特的类群，叫作虚骨龙类，它们的身体大部分覆盖羽毛。它们中的一部分是著名的暴龙家族的祖先，而其中一支最终将演化成能够在天空自由翱翔的鸟。

1.65 亿年前，以华阳龙为代表的植食恐龙，展开了与肉食恐龙的激烈斗争。这两大阵营的争斗成为恐龙家族永恒的话题。

1.64 亿年前，基干蜥脚类恐龙早已没落，蜥脚类接替了它们的位置，而这一类群将在未来演化成有史以来最为庞大的动物。

1.6 亿年前，生有翼膜的奇翼龙先行一步，自由地在林间滑翔，正式开始了虚骨龙类的飞天历程。

1.6 亿年前，冠龙的出现照亮了暴龙家族前进的道路。

1.56 亿年前，肉食恐龙的终极对手角龙类恐龙出现。

1.55 亿年前，一部分肉食恐龙选择以庞大的体形作为对抗敌人的重要武器，异特龙是最为典型的代表。

悲凉的白垩纪

1.26 亿年前，禽龙出现。这是一群独特的植食恐龙，以闲散慵懒的姿态特立独行。当然，它们还拥有锋利的爪子，所以肉食恐龙从不轻易打它们的主意。

1.26 亿年前，虚骨龙家族中活跃着一群不容忽视的战士，它们身形娇小、身披羽毛，看起来温顺可爱，却有着截然不同的凶猛的性情。它们就是驰龙类恐龙，作为优秀的猎手，繁盛于整个白垩纪。

1.25 亿年前，身披毛发的大型暴龙类恐龙羽王龙诞生，它们怪异的模样在提示后人，寒冷的冬季将要来临。

1.25 亿年前，四翼恐龙小盗龙在林间滑翔，实现了众多虚骨龙类恐龙想要飞上天空的梦想。

1.2 亿年前，凶猛的暹罗暴龙出现在泰国，大型肉食恐龙家族的规模在逐渐壮大，它们跃跃欲试地想要行走到更远的地方。

1 亿年前，样貌诡异的棘龙无论是在体形还是食性上都做出了重大改变，这种肉食恐龙家族中的最大个体之一，创造性地选择以鱼为食。

9300 万年前，以南方巨兽龙为代表的鲨齿龙科恐龙异常繁盛，它们与棘龙家族一起在白垩纪早期到中期统治着南方大陆。

8000 万年前，青岛龙所在的鸭嘴龙家族经过长时间的发展，成功地演化为生存能力极强的全球性物种。它们秉承了鸭嘴龙家族的气质，不喜征战。

7500 万年前，食肉牛龙的出现预示着它们所在的阿贝力龙科取代了鲨齿龙科，成为晚白垩世南方大陆的统治者。

6850 万年前，恐龙家族的终极统治者、世界上最凶猛的动物——暴龙——诞生。三角龙也在同一时期出现，它们将植食恐龙家族的演化推向最高峰。这两大家族一直生活至 6600 万年前。

6600 万年前，地球再次遭遇大灭绝。非鸟类恐龙终结了对地球陆地亿万年的辉煌统治，将生命的接力棒交给哺乳动物。

索引

恐龙类

研究项目，成果广泛被社会各界应用与传播。在专业合作方面，PNSO 接受全球多个重点实验室的邀请进行科学艺术创作，为人类正在进行的前沿科学探索提供专业支持，众多作品发表在《自然》《科学》《细胞》等全球著名的科学期刊上。在大众传播方面，大量作品被包括《纽约时报》《华盛顿邮报》《卫报》《朝日新闻》《人民日报》以及 BBC、CNN、福克斯新闻、CCTV 等在内的全球上千家媒体的科学报道刊发和转载，用于帮助公众了解最新的科学事实与进程。在公共教育方面，PNSO 与包括美国自然历史博物馆、中国科学院等在内的全球各地的公共科学组织合作推出了多个展览项目，与世界青年地球科学家联盟、地球科学问题基金会等国际组织联合完成了多个国际合作项目，帮助不同地区的青少年了解和感受科学艺术的魅力。

恐龙时代

责任印制 / 刘世乐　　　产品经理 / 冯　晨

技术编辑 / 丁占旭　　　　　　　杨子铎

书籍设计 / 游　游　　　产品监制 / 曹俊然

图书在版编目（CIP）数据

恐龙时代 / 赵闯绘；杨杨文. -- 济南：山东画报
出版社, 2020.9
　ISBN 978-7-5474-3483-3

　Ⅰ.①恐… Ⅱ.①赵… ②杨… Ⅲ.①恐龙 - 普及读
物 Ⅳ.①Q915.864-49

中国版本图书馆CIP数据核字（2020）第132589号

恐龙时代
KONGLONGSHIDAI

赵闯 绘　　杨杨 文

责任编辑　刘　丛
装帧设计　游　游

出 版 人　李文波
主管单位　山东出版传媒股份有限公司
出版发行　山东画报出版社
社　　址　济南市英雄山路189号B座　邮编 250002
电　　话　总编室（0531）82098472
　　　　　市场部（0531）82098479　82098476（传真）
网　　址　http://www.hbcbs.com.cn
电子信箱　hbcb@sdpress.com.cn
印　　刷　天津图文方嘉印刷有限公司
规　　格　280毫米×285毫米　1/12
　　　　　20印张　　180千字
版　　次　2020年9月第1版
印　　次　2020年9月第1次印刷
印　　数　1—5,000
书　　号　ISBN 978-7-5474-3483-3
定　　价　188.00元

建议图书分类：少儿科普